新时期城市管理执法人员培训教材

城市美学
探索与实践

全国市长研修学院
（住房和城乡建设部干部学院）
深圳市水木现代城市美学研究院

组织编写

中国城市出版社

图书在版编目（CIP）数据

城市美学探索与实践/全国市长研修学院（住房和城乡建设部干部学院），深圳市水木现代城市美学研究院组织编写．—北京：中国城市出版社，2023.12
新时期城市管理执法人员培训教材
ISBN 978-7-5074-3670-9

Ⅰ．①城… Ⅱ．①全… ②深… Ⅲ．①城市学—美学—教材 Ⅳ．①B834.2

中国国家版本馆CIP数据核字（2023）第253915号

责任编辑：李　慧
责任校对：芦欣甜
校对整理：张惠雯

新时期城市管理执法人员培训教材
城市美学探索与实践
全国市长研修学院（住房和城乡建设部干部学院）
深圳市水木现代城市美学研究院　　　　　　　　　组织编写
*
中国城市出版社出版、发行（北京海淀三里河路9号）
各地新华书店、建筑书店经销
北京锋尚制版有限公司制版
天津图文方嘉印刷有限公司印刷
*
开本：787毫米×1092毫米　1/16　印张：16¾　字数：257千字
2023年12月第一版　　2023年12月第一次印刷
定价：**180.00**元
ISBN 978-7-5074-3670-9
（904676）

版权所有　翻印必究
如有内容及印装质量问题，请联系本社读者服务中心退换
电话：（010）58337283　　QQ：2885381756
（地址：北京海淀三里河路9号中国建筑工业出版社604室　邮政编码：100037）

本书编委会

主　编
王　天

副主编
王　霞　崔　迪　李　夙

参　编
戈金星　吴　昆　夏　磊　王　玺　邓　旖　郑　爽
莫烨馨　张英鹤　蒋峥嵘　温保明　李　薇　黎文淞
王茂荣　李咏梅　祝　敏　黄永萍　黎厚星　许志祥

手绘插图
仲宸萱　叶桦轩　赵子琪

序 /

　　城市既是前沿的、时新的话题，也是古老的话题。城市的出现，意味着人类的文明程度达到了一定水平。在不同的文化体系中，蕴育了不同的城市形态，出现过许多有价值的理论与实践，并留下长远的影响或留存至今的遗迹。时代的发展，也推动了城市建设的演变，历史上出现过形形色色的"理想城市"模型，但现实中并不存在普遍认可的"理想城市"。因为城市是一个多维度的复杂系统，尤其在工业革命之后，城市的规模、内容、管理和维护系统都发生了深刻的、翻天覆地的变化。城市逐渐成为人类生存的主要栖居地，越来越多的人口将生活在城市形态的环境中，如何建设更好的城市，成为这个时代的重大命题。

　　早期关于城市建设的理论或讨论，更多地还是从实用、空间分配、象征意义等方面展开，古希腊的希波丹姆提出了平均分配的城市布局原则，城市的空间形态直观地反映了其所处的社会形态。古代中国社会则是一个差序结构的社会形态，城市规模和布局需反映对应的等级，形成了强调中轴线的传统，更显著的是"套城"模式，其余绪直至今日仍是影响建设决策的隐性背景。不同于经规划成形的城市，世界上还有许多自然生长型的城市，由市场、集镇或宗教场所为核心，逐步向外扩张形成不规则但生动的路网脉络，旅游热点城市中不乏此类，为规划理论的深入研究提供可资时比、参照的案例。

　　在城市发展的历史中，工业革命是一道显著的分水岭。工业革命前，城市规模总体上是相当有限的，百万人口以上的城市已属罕见；而当下，千万级人口的大城市也见多不怪。工业革命带来了城市爆炸式的发展，不仅仅是人口规模，城市职能、城市的内容较之以往都大大增加了，城市既是一个综合的市场，又是聚居地、生产场所，更是不同人群的集合体、文化生产的核心区、公共服务的主要载体和提供者……城市因此成为一个超级的复杂系统。可能正是因为城市的这种复杂性，城市发展的很多讨论都集中于功能实现，工程师思维占据上风，而对于城市审美的讨论大多散见于社会言论场，在专业领域反而未引起足够的重视。

第二次世界大战之后，以功能思维为主导的现代主义建设大潮席卷世界，对历史、文化的漠视，引发了社会强烈的批评，千城一面现象使得人们自然地对现代主义运动进行质疑和反思。城市不能仅是功能机器，更重要的也是人文居所，作为越来越多人赖以栖居的形式，城市作为家园的角色和定义，必须引入新的系统性思考。20世纪六十年代左右，不同领域的学者都开始从不同维度展开城市问题的讨论：凯文·林奇的《城市意象》研究了人们如何建立对城市空间的认知；阿尔多·罗西的《城市建筑学》提出了城市发展与历史原型之间的关系；简·雅各布斯的《美国大城市的死与生》呈现了非空间专业学者的城市观察，重点阐发了城市活力的来源；包括稍后于上述学者的，诺伯格-舒尔茨的《场所精神》，总体上都是超越单纯的功能思考，而是从多个维度出发，系统梳理城市审美问题，"城市美学"就是在这样的背景下，得以成立并逐渐发展。

王天先生是一位有着丰富实践经验的设计师，同时也是一位有责任感的专业研究者。中国近三十年的快速城市化进程，为设计师提供了大量的机会，也有不少"萝卜快了不洗泥"式的问题，有些地区片面追求速度和规模，或者视觉上的壮观，而并不关注空间与个体感受更密切的尺度、便利、历史继承等方面的问题。《城市美学探索与实践》一书内容系统，并注重从设计师的立场出发，既谈问题、谈目标愿景，也给出了相应的设计策略，指出解决问题的路径和方法，具有很高的实用价值。书中所及之议题，也都一一有实例(美图)对应，充分体现了设计师写作的特点，相信关注城市建设的读者，无论专业与否，都能从此书中获得启发或助益。

我经常因工作而出差旅行，到过不少城市，有过许多美好而各不相同的体验。在苏州，穿街走巷寻访园林，名园与民居共生，雅与俗精致地融合在一起；在上海梧桐树的林荫道两旁，是形形色色的时尚小店，

序　　所谓"腔调"在这座城市中化身为不同场景，但总要与国际化、时新、体面这样的词汇搭界；在广州则深深陶醉于其浓郁的"烟火气"之中，一定程度的嘈杂，热闹与美食交织，视觉上的繁密与听觉，味觉甚至触觉的感受是一致的……大城市有大城市的精彩小城市也有小城市的安宁和闲适，城市没有绝对的理想模式或标准，而是不同类型的生命体，世界上找不到两座一样的城市，或有相似之处，更多的仍是其自身社会、历史发展的反映，在相对自由流动的时代，这种差异和多样性也为人们的选择提供了可能性。从这个角度讲，《城市美学探索与实践》的内容是为人们的相关实践提供参考，而不应成为刻板的教条，那样的话反而有违作者的本意。

　　城市的一大特点是其公共性，是一个具有巨大容量的容器，城市并不属于任何人。为人所用，但并不为人所有，这是建设者需要深刻体会的要点。长住居民会有一定的立场和态度；旅行者有自己的看点和兴奋点；管理者也有自己的责任和义务；不同身份的人群都有自己的利益诉求和价值目标，各维度纷繁复杂的需求汇聚成城市最终的一个形象，既是具体的，又是抽象的，不仅包含了视觉形象和物理环境的建设、塑造，而且呈现了态度和温度，这些内容的整体构成了城市审美的对象。尽管美的城市并无特定范型。但美的城市一定是既有视觉的魅力，又有充分的活力，而活力一定源自开放和包容。城市如何体现出善意，才是城市美学更深一层的问题，也值得所有人都有所思考。

清华大学美术学院副院长

前言 /

古人言：不谋全局者，不足以谋一域；不谋万世者，不足以谋一时。虽然我们并不能定义一个好的城市空间必须是什么样子，但有一点可以肯定，那就是"人是城市的尺度"，城市和人是相互成全、一起成长的，人注定要成为城市空间建设中的出发点和落脚点。当一座城市温暖着、关照着人，人自然也会赋予它积极的生长动能。

过去，我们的城市建设重心偏功能层面，重效率、重质量，而如今城市景观面貌的视觉表达被高度重视，城市美学的研究也得到长足的发展。2021年4月19日，习近平总书记在考察清华大学美术学院时指出，美术、艺术、科学、技术相辅相成，相互促进、相得益彰。要发挥美术在服务经济社会发展中的重要作用，把更多的美术元素、艺术元素应用到城乡规划中，增强城乡审美韵味，文化品位，把美术成果更好服务于人民群众高品质生活需求。要增强文化自信，以美为媒，加强国际文化交流。让我们更深刻地认识美学与艺术在新时期城市建设中的重要作用和地位。

在城市这个有限的空间里，人们希望愉快消费，便利出行，有理想的居住地，有完善的公共设施，甚至能有一种审美的愉悦。美学提升对城市产生的作用是全方位的，从建筑形态、色彩，到规划设计、城市管理，都受到人们美学修养与审美水准的影响。"人民城市为人民"，城市的美学高度体现一座城市的发展理念和价值观，让城市形成自己的美学风格，在赏心悦目中提升城市品位，增强人们的获得感、归属感和认同感，这是城市建设和城市更新的出发点和最终归宿。

前言

本书对城市美学的定义、发展脉络以及相关知识进行了介绍，选择不同级别、不同类型城市已实施的项目，从宏观、中观、微观三个层面详细阐述了城市美学的实践活动。我们希望通过本书的出版，为进一步推进城市美学的研究和实践提供专业的理论支撑及现实参考，为城市管理、城市设计的从业人员提供参考。

由于编者水平有限，本书会存在疏漏和不足之处，敬请广大读者提出宝贵意见。

目 录
Contents

第一章　/　城市美学探索

第二章　/　宏观视角下的城市美学构建

第三章　/　中观视角下的城市空间美学实践

第四章　/　微观视角下的城市视觉要素的美学再造

第五章　/　美学指引美丽城市

参考文献　/

1 [第一章]
城市美学探索

1.1 城市美学相关理论 / 002

1.2 城市美学价值 / 008

1.3 城市更新下的美学现状 / 013

1.4 城市美学系统应用 / 020

2 [第二章]
宏观视角下的城市美学构建

2.1　城市空间与场景 / 026
2.2　用色彩感知城市 / 035
2.3　用灯光照亮城市 / 058
2.4　用品牌打造城市 / 069

3 [第三章]
中观视角下的城市空间美学实践

3.1　街道中的城市空间美 / 082
3.2　历史街区的美学复兴 / 101
3.3　中央商务区的活力美 / 111
3.4　城市广场的恒久魅力 / 118
3.5　商业街区的城市烟火气 / 124
3.6　产业园区的梦想再造 / 132
3.7　城市公园里的诗与远方 / 139
3.8　多元化复合的城市门户 / 146

[第四章] 微观视角下的城市视觉要素的美学再造

4.1　建筑立面缔造建筑和空间美 / 154
4.2　户外广告的价值再创造 / 161
4.3　户外招牌成就街区个性空间 / 169
4.4　城市设施点亮公共空间 / 178
4.5　城市景观扮靓美丽家园 / 194

[第五章] 美学指引美丽城市

5.1　城市美学提升路径 / 212
5.2　城市美学体检评价指标 / 217
5.3　城市美学评价体系使用参照 / 230
5.4　城市美学共建机制 / 243

参考文献 / 247

　　小到一个垃圾桶、一盏路灯、一块牌匾,大到空间结构、环境景观、色彩、照明。美学以"润物细无声"的方式,成为城市和人沟通对话的纽带,让美成为街区发展、创新的推动力。在这里,美学和艺术不再是遥不可及的阳春白雪,它们与生活交融共生,引发我们对生活方式、城市审美更高层次的思考和追求,潜移默化中引导着人的行为习惯。一个动态发展、无限可能、自驱生长的城市,将不仅仅是生存空间,而是我们可以诗意栖居的美好家园。

　　面向未来,未来已来。

第一章

城市美学探索

塑造美丽城市、创造美好生活是城市发展追求的理想与目标之一。在工业化和城市化进程中，科学与美学的结合日趋紧密，两者共同探索城市美的理论与实践路径。

[1.1]
城市美学相关理论

美的本质，首先是客观的、社会的，人类社会出现之前无所谓美丑；其次是社会实践的产物，是劳动工具、劳动产品、劳动伴随物从实用功利转向审美的结果。

城市美学与建筑美学、景观美学、生态美学、环境美学一样属于美学的分支，与上述学科有着密切联系；同时又有其独特性，是城市建设的基础理论与实践依据。

1.1.1　概念

城市美学是以人类居住的城市为研究视域，以城市美为主要研究对象，以城市文化和城市文明的一般美学现象和规律为研究内容，并且应用于城市设计等相关艺术实践的学科。

城市美学作为一个新兴的研究领域，属于城乡规划与美学的交叉学科，在两个学科中都展示了极大的生命力。城市美学早期，主要是对城市物质形态的美学规律、艺术性原则的研究。后来，凯文·林奇等人引入城市意象理论，建立起人对城市的综合感知和印象，后续相关研究重点关注在物质形态背后的社会问题。

城市美学作为城市建设的基础理论，随着人们对环境品质的要求越来越高，它的重要性日益凸显。目前，我国城市发展正处在由大规模增量建设转为存量提质改造和增量结构调整并重阶段，城市美学的理论知识建构尚在发展初期，科学性、全面性、系统性有待提升。因此，建立与完善城市美学实践体系，是城市建设与城市更新中极具现实意义的重点工作之一。

1.1.2 发展

1. "天人合一"的美学思想

中国古代"天人合一"思想强调人与自然和谐统一，产生了"法天象地"的城市布置手法，对我国城市规划和城市美学产生了很大的影响。中国古代都城一般都以皇宫为中心对称布局，以天地星辰分布发展为城市布局模式。

比如唐长安城的宫城布局在北部正中，并以北极星来对应宫城中心的太极殿，视为天下之中。皇城内的百官衙署象征围绕北极星的星垣，外郭城象征向北拱卫的其他群星，十三排坊里象征十二月加闰月，皇城南面四行坊象征四季（图1.1-1）。

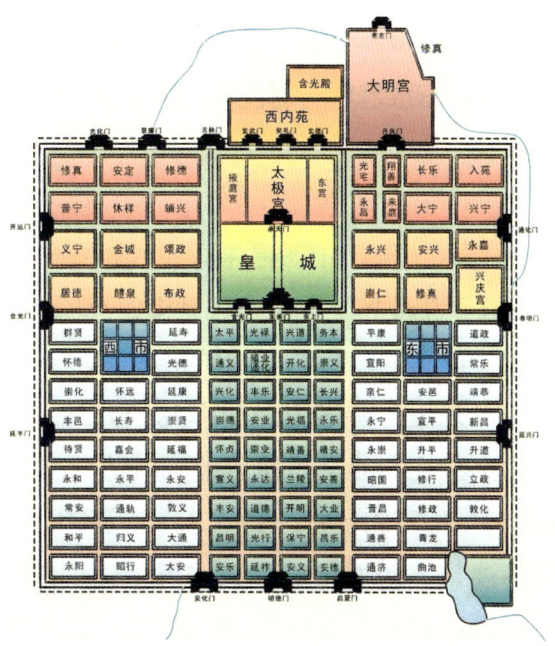

图1.1-1　唐长安城复原想象图

另外,"天人合一"的美学思想在细节上也体现为"天圆地方",这种宇宙观在新石器时代就已形成。例如皇城、内城和外城的城门,均呈现"上圆下方"的形状,以像天地。北京天坛公园(图1.1-2),它的结构主体也是典型的方圆结构。普通百姓常常在方形小院中修一个圆形水池,或者在两院之间修一个圆形的月亮门(图1.1-3),以上这些都是"天圆地方"的体现。

图1.1-2 北京天坛公园

图1.1-3 方形庭院之间的圆形门

2."规则理性"的美学思想

"规则理性"是与社会秩序统一协调的美学思想。上古时代对于自然、神灵、天地的崇拜逐渐转换为一种社会伦理,表现的美学思想则是开放包容与理性秩序的并存,体现的是泱泱大国的自信与旷达。

《周礼·考工记》是中国春秋战国时期记述官营手工业各工种规范和制造工艺的文献,体现了伦理的、社会学的城市美学。"匠人营国,方九里,旁三门。国中九经九纬,经涂九轨。左祖右社,面朝后市,市朝一夫""经涂九轨,环涂七轨,野涂五轨"(图1.1-4)等描述都是对城市美学的重要阐述,主要体现的是以宫殿为主体的规划结构,宫殿布局

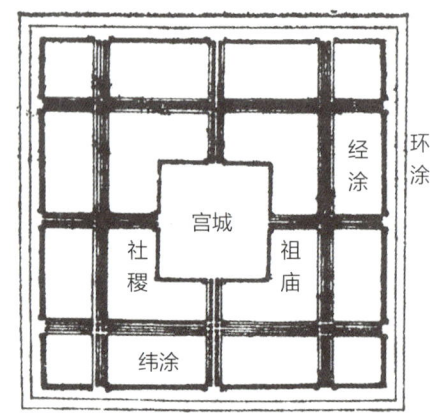

图1.1-4 周王城平面详细图

第一章
城市美学探索

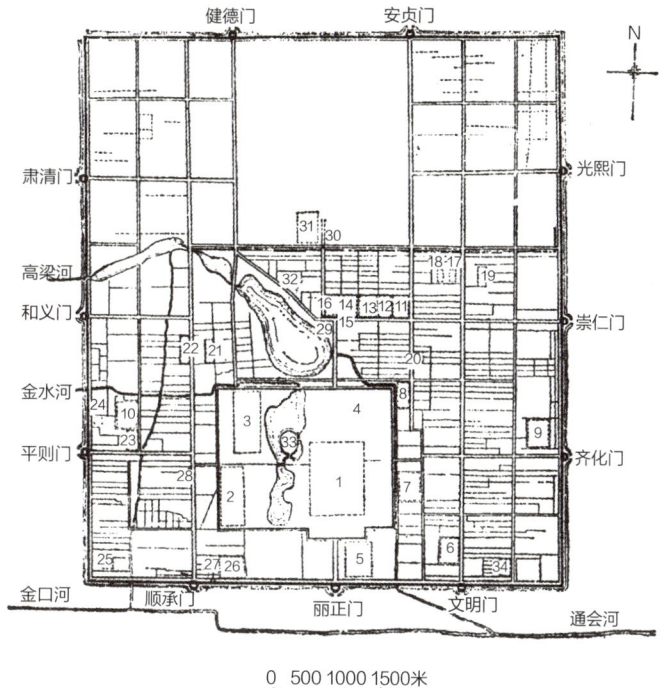

1—大内；2—隆福宫；3—兴圣宫；4—御苑；5—南中书省；6—御史台；7—枢密院；8—崇真万寿宫（天师宫）；9—太庙；10—社稷；11—大都路总管府；12—巡警二院；13—倒钞库；14—大天寿万宁寺；15—一中心阁；16—一中心台；17—文宣王庙；18—国子监学；19—柏林寺；20—太和宫；21—大崇国寺；22—大承华普庆寺；23—大圣寿万安寺；24—大永福寺（青塔寺）；25—都城隍庙；26—大庆寿寺；27—海云可巷双塔；28—万松老人塔；29—鼓楼；30—钟楼；31—北中书省；32—斜街；33—琼华岛；34—太史院

图1.1-5 元大都复原想象图

择中、居高，强调左祖右社、面朝后市的礼制秩序，道路以经纬制的方格网为主。《周礼·考工记》影响着中国古代城市的建设，许多大城市，特别是政治性城市都是按照这种理论修建的。其中最典型的案例是洛阳周王城、唐朝的长安和北京城（元代和明清时期）（图1.1-5），清晰的街坊结构和笔直的街道，以及城墙和城门无不反映了《周礼·考工记》中"礼"的思想。

3. "人本主义"的美学思想

中国古代城市美学思想的思维主体是面向自身，以自我完善、自我实现为目的。夏商时期，经历了从神权意识到人本意识的觉醒，供部落集聚或"祭祀"用的半封闭的"城市广场"逐渐发展为宫殿和宫殿前的庭院，这些也从侧面体现了逐步发现自我、解放自我和发展自我的审美主体观。

发展到封建社会成熟期，民本思想与王权至上达到了一定的平衡，此时的城市不但拥有宏大壮丽的宫殿，也拥有充满人文情致的建筑与市井气息浓厚的街坊，唐宋时期的都城皆具有此特点。《管子》提出的都城规划模式所强调的是人们的实际需要，着眼点是城市的使用功能，反对特定的模式。明南京城的城墙轮廓线（图1.1-6），是一个不规则的多边形，主要是考虑到明代山川和玄武湖、秦淮河的因素，依山水之势，不拘泥于方正规矩的制式。

图1.1-6 明南京城墙遗址

4. 强调轴线、对称、对景等"古典形式主义"手法

近代，资本主义萌芽，中国城市美学也受到了西方美学中的"古典形式主义"手法的影响。

大上海都市计划和中国第一个国民经济五年计划引入的"苏联模式"，比较集中体现了中国近现代城市美学的特点。卫星城镇、成片疏散布局、按照功能性质划分道路、用"邻里单位"组织住宅区等城

第一章
城市美学探索

市美学的相关思想，均在大上海都市计划有所体现。

  1953—1957年，中国第一个国民经济五年计划引入了"苏联模式"的规划方式。这一时期的城市美学，带有严格的计划经济体制特征与"古典形式主义"的色彩。比如当时的苏联专家巴拉金介绍了苏联城市建设原则，提出对武汉城市规划的看法和建议，并勾画了一份武汉城市总体规划战略图，主要标明了武汉市的中轴线、中心广场和工业区等，由此形成了1954年武汉城市总体规划。

[1.2]

城市美学价值

城市是人民享受美好生活的家园。一座舒适宜居、别具一格的现代城市,一定有着自己的城市内涵和美学特色。城市发展除了需要科学完善的城市规划,安全韧性的城市建设,还需要兼顾人文关怀和文化涵养,让美学对城市产生社会、经济、人文价值。

1.2.1 社会价值

1. 提升城市的艺术感

目前,城市居民对城市公共空间的品质和审美有了更高的要求和期待,越来越多的人开始追求高质量的人居环境,希望城市的建设规划、建筑、景观、城市家具等,营造出更舒适宜居、亲和共享的公共空间。城市公共空间中令人注目的艺术品,反映着人们生活的热情。例如,保时捷将艺术家Chris Labrooy精心打造的沉浸式艺术装置"Dream Big"安放于上海张园石库门(图1.2-1),通过夸张的

图1.2-1 "Dream Big"亮相上海

设计语言，对童年梦想致敬。而这件装置的时尚现代风格与上海传统石库门建筑强烈碰撞，迸发出蓬勃生机，激发市民对城市空间的想象。

2. 激发认同感和归属感

良好的公共交往空间有利于归属感的产生。2021年，重庆市山城巷历史文化风貌区完成改造，穿行在山城巷折叠起伏的街巷内，迎面而来的是浓浓的老重庆巷子味道。其中体心堂街巷的墙面新绘上了充满社区历史文化底蕴的"老照片"墙画（图1.2-2），斑驳的墙门、援手救济百姓的慈善堂馆、充满烟火气的临街小店……通过这些"老照片"和墙画，将以往的点滴回忆，变成滋养今天美好生活环境的养料，将平凡普通的街道打造成既有"颜值"又有"品质"的特色街区。

图1.2-2 重庆街区墙画

1.2.2 经济价值

虽说审美是一种精神享受，与物质功利无明显联系，但审美对象本身却能为城市带来经济利益。城市美学促进城市文化传承和创新，提升城市品质，增强市民文化认同感，从而吸引更多的投资者和人才，推动城市经济发展，提高城市竞争力。

以城市美学为基础的古城镇保护，对提升古城镇及周边区域的经济价值具有重要意义。例如，现存最完整、最具有民族风格的中国名镇之一的丽江古城，保存了大研古镇民风淳朴自然、山城水乡的特色，将经济和战略重地与本土山势巧妙地结合，原生态地展现了古城的古朴风貌。（图1.2-3）丽江古城在规划中注重民族文化保护传承，实现纳西族文化与经济对接，探索"积极保护与旅游开发有机结合"和"加强物质文化遗产文化保护与非物质文化遗产传承并举"的发展模式，实现古城镇文化遗产保护传承与开发旅游有机融合的"双赢"。2023年1月21日至27日，进入丽江古城人数约为136万人次，实现旅游收入8.3亿元。

图1.2-3　丽江古城

第一章
城市美学探索

1.2.3　人文价值

城市就像一本书,一栋栋建筑是"字",一条条街道是"句",街坊是"章节",公园是"插曲"。随着人们对美好生活品质的追求,越来越多的地方正在通过城市美学引领城市规划,彰显城市的审美主张。

城市形象往往与某种特定的文化创意符号相联系,因为这种文化的赋予,使城市价值不再只是单纯的经济数字,更是深植人们心中、难以忘却的情怀。其中,城市中的文化地标集中性地展示了城市的形象,凝聚城市的品格,令城市独具人文风貌,成为城市凝聚社群、引领社会发展的重要载体。

例如,法国物质及精神标志——埃菲尔铁塔,作为1889年巴黎世博会的献礼工程,从一诞生就注定了其特定的文化意义(图1.2-4)。

从建筑创新上看,它是第一座真正现代化的建筑巨作,在整个人类建筑历史上,带动了一次技术飞跃。从功能上来看,它既是眺望巴

图1.2-4　巴黎城市界面

011

黎的看台，也是被巴黎观瞻的风景。首先，埃菲尔铁塔是观赏巴黎风景的制高点。置身塔上，戴高乐广场、先贤祠、巴黎圣母院、瓦勒林山等巴黎名胜尽收眼底，创造出一种新的巴黎审美视角及体验。其次，埃菲尔铁塔是巴黎城市景观的重要组成部分。巨大、反弓的A形钢筋造型，324m高的钢架镂空结构塔身，挣脱了古典的穹窿顶风格的桎梏，优美而大气，俯瞰世界，宣示着力与美。身处巴黎几乎任何角落，抬头都能看到映入眼帘的铁塔，即使一时一地看不见，所有人依然感觉"铁塔总在那儿"。埃菲尔铁塔作为一种文化景观，以无与伦比的魅力吸引着巴黎人乃至全世界人们的目光。从社会进步的角度看，埃菲尔铁塔既是现代主义的巴黎一次具有标志性意义的胜出，更是巴黎社会文化创新之路的一次大跃进，巴黎通过埃菲尔铁塔在世界建筑史、工业文明史上留下浓墨重彩的一笔。

[1.3]

城市更新下的美学现状

实施城市更新行动，是党的十九届五中全会作出的重要决策部署，是"十四五"规划和2035年远景目标纲要明确的重大工程项目，也是适应城市发展新形势、推动城市高质量发展的必然要求。目前，我国城市发展进入城市更新的重要时期，由大规模增量建设转为存量提质改造和增量结构调整并重，从"有没有"转向"好不好"。在这个发展过程中，城市要解决诸如文化特色消减，辨识度下降，景观与居民生活割裂等一系列的美学问题，为实施城市更新行动贡献美学力量。

1.3.1 美学困境

城市更新是对特定城市建成区（包括旧工业区、旧商业区、旧住宅区、城中村及旧屋村等）根据城市规划和规定程序进行综合整治、功能改变或者拆除重建的活动，主要有"拆除重建""综合整治""功能改变"三类更新模式。近年来，我国在扩大城市规模和提高城市质量方面取得了巨大进展，逐渐形成了一些城市更新的典范，但在这一过程中仍面临着许多问题和挑战。

1. 缺乏城市美学理念

很多地方对城市美学的重要性缺乏认识，没有意识它带来的价值和影响。因此，没有给予足够的关注和资源投入，同时相关的美学研究成果还不够丰富，实际操作性不强，无法有针对性地应用于实践中。

当前社会美育的普及程度有待提升，图书馆、展览馆、博物馆、影剧院、音乐厅等公共文化设施分布不均衡，城乡建设缺乏审美机制。

2. 没有突显城市特色

城市特色是一个城市的特点和个性，是城市形象的体现。城市特色是独一无二的，地域性差异使不同城市在历史文化、地理环境、风俗人情等各方面有很大不同，这些差异化形成了城市美的多样性与独特性。而当前城市普遍存在同质化现象，对城市文化符号和特色的挖掘程度还很不足。

3. 人性化关怀不足

被世界城市所参考和遵循的《雅典宪章》在20世纪初问世时，就把"适宜居住"作为城市功能的首位。科技进步、文化创新、经济繁荣提高了人类生活质量，驱动人居环境提质升级。居住功能作为城市的基本属性，"宜居"是城市发展目标之一，需要落实到居民生活细节中。公共空间的高差处理、无障碍环境的系统改造、人车分流体系的设置，都是一座城市具备宜居功能、营造包容性人性化居住环境的体现。

城市更新的推进和城市品质的提升，为城市美学的研究和实践提供了重要机遇。以美学的理念规划城市，以美学的原则建设城市，以美学的价值为城市更新赋能增效，让城市美学既有理论性更具落地性，在城市更新实践中不断地创新发展。

1.3.2　美学策略

1. 政策层面

近几年，国家层面出台了一系列文件，在宏观政策导向上，强化了城市美学在城市建设与城市更新中的重要性。例如，2013年中央城镇化工作会议提出，保护城市历史记忆，特别是保护一些历史悠久的老城区。

2021年8月，中共中央办公厅、国务院办公厅印发《关于在城乡建设中加强历史文化保护传承的意见》，提出加强保护利用传承，融入城乡建设。按照留改拆并举、以保留保护为主的原则，实施城市生态修复和功能完善工程，稳妥推进城市更新。加强重点地段建设活动管控和建筑、雕塑设计引导，保护好传统文化基因，鼓励继承创新，彰显城市特色。依托历史文化街区和历史地段建设文化展示、传统居住、特色商业、休闲体验等特定功能区，采用"绣花""织补"等微改造方式，增加历史文化名城、名镇、名村（传统村落）、街区和历史地段的公共开放空间。

2023年3月1日起施行的《北京市城市更新条例》提出落实城市风貌管控、历史文化名城保护要求，优化城市设计，延续历史文脉，凸显首都城市特色、落实绿色发展要求，打造绿色生态城市，推进智慧城市建设。

另外，部分城市运用"针灸式"和"微改造"等城市更新处理方式，通过对目标地区精准施加微小的干涉手段，渐进式持续改善，提升人居环境品质，激发片区活力，从而对周边地区产生辐射、示范、干预与带动的作用。

2．社会层面

（1）社会美育，以人的感受和体验为核心

城市是人民的城市，城市更新向美而行。推动城市更新，既要有"拆建修补"的外在提升，也要有"以美育人"的内在追求。城市更新中社会美育创造美，帮助城市和居民发现美、留住美，这也是"人民城市为人民"和"推进以人为核心的新型城镇化"的内在要求。当社会美育成为城市更新和城市发展的价值理念和共同行动，可以期待，城市将不仅仅是生存空间，更是我们可以诗意栖居的美好家园。

比如，顺应市民城市审美观念的转变，北京、上海、青岛等城

市出台措施,对一些景观道路实行"落叶不扫";合肥在城市零散地块建设、改造"口袋公园",让居民推窗见绿、推门见景;哈尔滨在冬天对市内主要公园的绿地进行"留白",保留非公众通行区域的积雪,增添冬情雪趣……在保障城市安全有序运行的基础上,更多考量居民的需要,才能真正把城市更新中的美育做到居民心里。

上海通过对社区艺术IP打造,让雕塑、插画、摄影等公共艺术作品走进社区,融入生活空间,让居民在家门口就能感受艺术之美。如上海长宁区新华社区以"美好新华"作为策展主题,将社区作为沉浸式展场,集中展示了一批城市更新、社区服务设施、老旧小区修缮和公共环境提升的项目,并在此基础上注入公共艺术、展览展示以及共商共绘共评等活动,吸引公众深度体验。

(2)生态文明,凸显城市自然美

城市之美,应以"自然"作为其理想与目标。城镇建设要让城市融入大自然,让居民望得见山、看得见水、记得住乡愁。近年来,随着生态文明思想深入人心,越来越多的城市持续加大力度推进环境治理,努力打造"河畅、水清、岸绿、景美"的生态宜居环境,让越来越多人推开窗户就可以享受"生态福利",构建"见山、望水、揽湖、拥河"的绿美人居环境。同时,通过新建科技公园、湿地公园等生态人文休闲活动空间,以绿色廊道串联起居民生活圈,绘就更加壮美的绿美画卷,让"生态资本"真正成为人民群众的"幸福资本"。

例如,白洋淀北岸的雄安新区启动区雏形已显,中央绿谷生态廊道贯穿南北,两侧宽阔的林带间水系环绕,3个水域湖面和18个特色公园点缀其中(图1.3-1)。不久的将来,这里的水系将与白洋淀相连,可供游船通航。在启动区"生息之城"设计方案中,城区就像一棵白洋淀边的大树,大树躯干是这座城市的主体,向四周发散的树枝上长满树叶和果实。雄安新区容东、容西等已建成的居住片区,以望淀、爱水、新荷等命名的社区,处处体现着人水和谐的寓意和白洋淀地域特色。

图1.3-1 雄安新区启动区效果图

（3）文脉赓续，重视历史记忆与区域个性

城市是文化的载体，城市美学是文化自信的有力支撑。在城市更新的过程中，要基于不同地域风貌、历史演化、人文风情和精神诉求，在相互尊重和包容的基础上保持其特有的思想体系、审美情趣、形式语言，保留城市的历史记忆与区域个性。

例如，重庆市磁器口从盛极一时的沙磁文化远航地到如今的千年古镇（图1.3-2），街区结构布局与巴蜀沿江山水特色浑然一体，建筑、景观结合地形和气候及社会生活环境，形成极富空间特色的形态。

整体看，磁器口在提升改造中采取"整旧如旧"的方式，"承古融今"复原山城人文精神的场镇风情和视觉景观的同时，融合现代商文旅的多元化需求。在核心保护区，提升改造从形式、材料及色彩等方面提出建筑保护和更新的具体方法，对街区内典型的传统民居院落和寺庙历史建筑，包括宝轮寺大雄宝殿、药师殿，聚森茂酿造厂、宝缮宫、深水井餐厅及街巷民居等重点区域。在街区外围，选用明清时代灰白墙、枣红柱、小青瓦的民居建筑风格，使周边区域的建筑风貌与古镇风貌趋于一致。

图1.3-2 重庆市磁器口古镇

（4）创意设计，提升城市艺术美

在城市发展过程中，美学走入人们的视野，空间魅力成为城市竞争力的一部分，艺术正在为城市更新提供源源不断的动力。创意设计让文化进入生活，让艺术点亮生活，为市民搭建起城市精神存续、展示、创造的平台，成为凝聚当代城市文化认同的重要力量。

例如，成都环城生态公园就为市民提供了"有设计、可参与"的休闲生活方式，将原有的建筑转变成供游客参观的农业科普教育基地，让市民和游客在一系列的自然科普活动中亲近自然和农耕。通过提取农田间农作物的生长状态作为设计元素，让建筑呈现出新旧交替、自由流动的场所气息。设计师在两栋老建筑之间以种子和孔明灯的意象（图1.3-3），做了一组悬浮在空中大小不一的透明立方体，作为场地的视觉重点。白天这些立方体像是从红砖缝里孕育出的一粒粒飞向天空的种子，迎着太阳，晶莹夺目。夜晚，暖黄的灯光透过聚碳酸酯板盒子，带来一种明亮的漂浮感，像定格在空中的孔明灯，如梦如幻。

（5）城市修补和有机更新，提升品质与细节之美

2016年由中共中央、国务院发布的《关于进一步加强城市规划

第一章
城市美学探索

图1.3-3　漂浮种子变身孔明灯定格在空间中

建设管理工作的若干意见》提出,要有序实施城市的修补和有机更新,解决老城区环境品质下降、空间秩序混乱、历史文化遗产损毁等问题,促进建筑物、街道立面、天际线、色彩和环境协调、优美。具体做法有:部分城市通过植绿增绿,把街区内部空间变成城市公共空间,营造了公园城市街区新场景;将口袋公园、趣味墙面、主题单元等元素有机融合到街巷更新中;通过文化传承、文明植入、艺术融合,开展微创意、微改造、微提升,实施环境综合整治行动;美化箱柜线缆、提升建筑立面、规范户外经营、强化景观设计,以高品质市井生活场景,彰显城市文化底蕴和历史记忆。

面向未来,中国特色城市美学要体现新时代发展理念。城市美学视角中,未来的城市是充满生态空间、生机勃勃的绿色城市,是管理高效、运转流畅、社会治理体系不断完善的协调城市,是发展要素自由流通、互融互通、包容并进的开放城市,是环境、经济和社会可持续发展的创新城市;是公共规模不断扩大、品质不断提升、多种主体共建共享共治、公平与效益良性互动的共享城市,是以人为本、舒适恬静、宜居宜业的家园城市。

[1.4]
城市美学系统应用

1.4.1 "物质、社会、精神"空间维度

城市美学所涉及的范围很广,从审美对象来看,可以从物质空间、社会空间、精神空间多个维度进行研究。

1. 物质空间

城市的物质空间是让人们从视觉感官上认识城市、了解城市美的实体空间。城市风貌作为物质空间的构成主体,体现城市的外观风格与形象,由空间布局、建筑、景观、设施等要素构成,要素之间有机联系、相互映衬、相得益彰。

城市空间布局是城市风貌的基础性要素,直接体现为城市的承载能力、使用功能和结构布局,同时也具有深层的审美功能。本质上说,城市风貌的建设需保持功能性与审美性的统一,例如建筑、景观、设施的建设既要满足人们视觉感官和内心欣赏的审美功能。

2. 社会空间

不同学科对社会空间的定义各有不同,社会学侧重强调社会交往属性,将社会空间定义为个人集合构成的社会中,不同人在不同位置和地位构成的不同"场所",具有表意性、符号性和社会价值整体取向性。在城市社会结构变迁中研究城市社会空间,不仅要研究一个变化的、流动的,并有经济、社会、文化美学及政治价值的空间,还包括城市中的精神世界空间与现有的虚拟空间,同时也包括城市社会空间平等性与文化认同。

美学在社会空间的表达上，需关注城市社会结构的主体，即人和人的社会活动，其要素主要包括个人、社会群体和社会阶层，体现个人居住品质的保障、空间资源分配的优化、群体生活的和谐健康、文化历史的共性认同等。

3. 精神空间

从空间美学和空间现象学层面出发，城市精神空间是感官知觉空间向深层审美空间的延伸，重点指审美主体形成诗性体验关系的特定虚化空间。这种体验可与乡愁、青春、身份、民族等因素息息相关。奥斯瓦尔德·斯宾格勒说："将一座城市和一座乡村区别开来的不是它的范围和尺度，而是它与生俱来的城市精神。"

一个国家需要拥有伟大的民族精神，一个城市同样需要有自己的城市精神。城市精神也是城市的根本内涵，是城市发展的动力之源、方向之舵、品位之衡。塑造符合美学规律的城市精神空间，关键是建设民众普遍认同的城市精神特质，也就是每个市民的个体价值观、工作方式、生活态度、思想道德、文明意识等的综合反映。因此，我们希望城市"可望、可游、可行、可居"，而这希望的正是"城市精神"。城市精神譬如一面旗帜，凝聚着一座城市的思想灵魂，代表着一座城市的整体形象，彰显着一座城市的特色风貌，引领着一座城市的未来发展。

1.4.2 "宏观、中观、微观"层面

从审美视角看，城市可以通过"宏观、中观、微观"层面体现整体美。

1. 宏观层面

"宏观"是从城市顶层设计维度出发，通过研究城市生长规律、

风貌特质，统筹包括城市空间结构、城市色彩、城市照明、城市品牌形象等要素，从协调城市风貌及功能分区、直观反映城市形象、凸显城市文化内涵等主界面，呈现节奏、韵律、统一、变化、和谐的效果，这些方面都是城市整体美的体现。

2. 中观层面

"中观"一般是指在城市中，以线状或者面状空间存在的，包括街道、历史街区、中央商务区、商业街区、产业园区、公园绿地、城市门户、城市广场等。"中观"这个层面对城市美学的表达十分重要，它对影响城市的整体形态和空间组织上起到了不可替代的作用。在城市中，线状的"中观"层面能引导人游览城市或者体验城市的序列，面状的"中观"层面能形成人对特定城市空间审美的一体化感知。

3. 微观层面

"微观"一般是指城市中，以点状空间存在的，主要包括建筑立面、户外广告、户外招牌、城市设施、环境景观等。"微观"属于最基础的元素，在城市中心区域中表现为城市具体的点，比如标志性的建筑或者是城市中某个具有代表性的雕塑，这个层面给人的直观感受是具体而细腻的。

城市美学的出现代表着人们对于城市功能的更高追求。对于城市美学的研究需要从历史出发审视当下、面向未来，为打造高品质美丽城市提供指引。如图1.4-1所示。

第一章
城市美学探索

图1.4-1　东莞中心广场《纽带》雕塑

第二章

宏观视角下的城市美学构建

[2.1]
城市空间与场景

亚里士多德有句名言:"人们来到城市是为了生活,人们居住在城市是为了生活得更好。"城市与人,是相互作用、一起成长的。人是城市的主体和尺度,是城市空间建设的出发点和落脚点。当一座城市展现着温度和人文关怀,温情地关照着人的昨天、今天与明天。人自然也会赋予它积极的生长动能。

2.1.1 关于城市空间、地点、场景

追本溯源,城市本身就是人们因为生活和生产的聚居而产生发展出来的。城市体现出来的是人与空间、地点之间的关系,并由此产生的土地使用方式、人们之间的社会关系与社会结构、社会制度等。

本质上城市代表着地点。有学者认为,地点是空间内我们定居下来并能说明我们身份的具体位置。他们主张地点从属于空间而且是空间的具体表现形式,从这个角度上说城市是一个地点而非空间,城市变迁其实是地点的变迁,而非城市空间的变迁。

1933年国际现代建筑协会通过了《城市规划大纲》,也就是著名的《雅典宪章》。大纲提出了城市按照功能划分为居住、工作、游憩、交通四大类的观点,它代表了工业革命后城市规划的一种基本思路,按照工厂的逻辑,将城市空间分门别类,按照用途规划设计。简·雅各布斯在《美国大城市的死与生》中对这种城市分区提出了批评,认为它不方便,缺少街道生活和商业选择,也缺少吸引人的文化生活,"从经济的角度说,这儿是一块废地"。事实上,随着现代城市的发展,城市功能日趋呈现多样化、复杂化,城市空间已经不再局限于通过功能来划分类型。

第二章
宏观视角下的
城市美学构建

场景是一种新的城市理论。"场景"一词来源于电影术语，在城市中，不同场景由不同设施与活动的组合构成，这些组合不仅蕴含了功能，也传递着文化价值观与生活方式。不同场景催生的不同体验，极大影响着本地居民和外来的游客们，塑造着城市社会生活秩序。

对城市空间的理解，首先体现在人与空间的关系上，这其实就是在实用性的基础上追求场景的概念，就是什么样的空间传达给人什么样的情感状态，通过这个场景，人和空间能够对话，产生情感的交流。

城市和人的生命机能类似，通过消化人们的各种需求，反映到自身的空间系统，形成一个多样性的城市空间。生活在城市中的人们有着不同的居住期望和出行、娱乐、购物等活动需求，会对环境、居所或设施等提出改善的要求，这类改善生活环境的城市建设活动就是城市更新；而城市空间合理布局，城市场景再造，就是其中的关键一环。

关于城市空间，有几种理论体系。

1. 中心地理论

由德国地理学家克里斯·泰勒在1933年出版的《德国南部的中心地》一书中提出。他运用六边形模型作为对城镇分布的"安排原则"，他认为城镇是区域的核心，应建在位于乡村中心的地点，向周围乡村人口提供所需货物和服务。他深入地探讨了中心地对周围地区承担服务的范围，认为距离最近、最便于提供货物和服务的地点，应位于圆形商业地区的中心。为了避免相邻中心地服务范围的重叠交叉，将中心地圆周区体系转换为六边形体系（图2.1-1）。

2. 同心圆学说

由芝加哥大学的一些社会学家在1925年提出，他们通过对美国芝加哥的研究，总结出人口流动对城市地域分异的几种作用力，在这

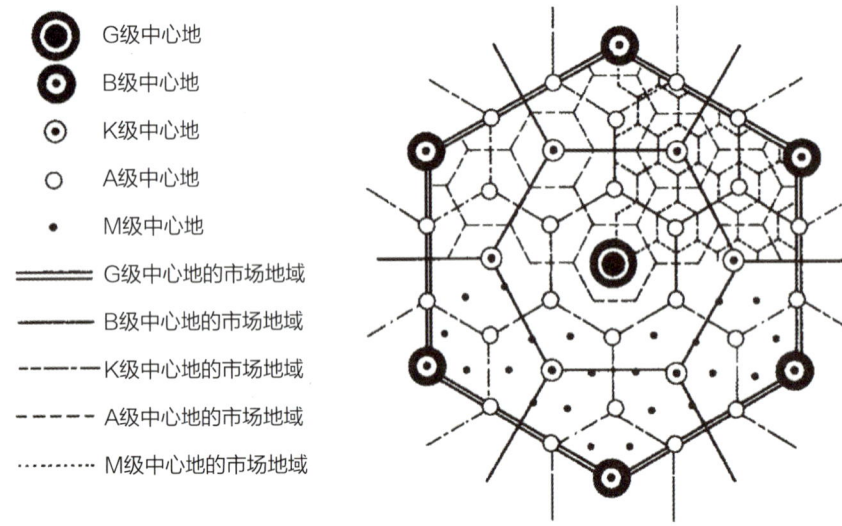

图2.1-1 中心地理论示意图

些作用力的综合作用下,城市地域产生了地带分异。按照这种理论,一般城市发展的结构形式可划分为中心商务区、过渡带、工人住宅带、中产阶级住宅带和通勤带5个圆形地带。

3. 扇形学说

这种学说认为城市的发展总是从城市的中心出发,沿着主要的交通干线或阻碍最少的路线向外放射,沿交通线向外伸展的地区又有不同的特点。

4. 多核心学说

由芝加哥大学著名地理学家C.D.哈里斯和E.L.厄尔曼提出,他们认为大部分人口50万以上的美国大都市都可分为:中心商业区、批发商业和轻工业区、重工业区、住宅区和近郊区,还有一些相对独立的卫星城镇。学说重点考虑了城市地域发展的多元结构,触及地域分化中各种职能的结点作用。

2.1.2 城市空间的美学构建要义

1. 按照"人"的需要，把空间还给"人"

城市空间是空间、自然与人文互动的结果，由多种深层结构共同作用、交织形成。其中有环境差异，也有文化和制度差异。不同成因的城市空间，带来各具特色、千姿百态的城市面貌。同样，良好的城市空间一旦形成，反过来对社会、经济、文化、环境和人的生活等都会产生积极的作用和影响。我们在创造空间，同时空间也在改变我们。

近年来，许多城市都非常重视从空间场景营造与生活相结合的角度推动城市发展、城市更新，通过场景营造，筑景成势、营城聚人，不断激发城市发展的内生动力，进一步筑牢城市未来发展根基。场景营造的目标是以人为核心推动城市发展，人成为新产业、新经济的创新主体，同时从中找到更多的发展机遇，和城市共同成长。

例如：

上海杨浦滨江改造的成功就是解决了"谁唱主角"的问题。很多人注意到，如今江岸线上依旧留存了一些时光的痕迹。用旧水管改造的路灯，形似工厂里高压容器装置的垃圾桶，用铁网和水泥制成的休息椅，广场上扛货的码头工人形象的雕塑等，这是只有这座城市和城市中的人才能读懂的基因密码。它们延续着城市的历史文脉，留住了人们共同的城市记忆。如今每到夕阳西下，滨江岸边的长椅上总是坐满了休憩的市民和打卡拍照的游人。来滨江的人因为身处这个场景，有了某种和空间自然而然的互动，因此创造出许多的可能性，而这一切正是因为这个空间场景重点关照的是人。

一座城市与生活在这里的人总归有着切割不断的历史和现实联系，人与空间的和谐关系，关系到一段城市文明的长度。这也是为什么在城市空间和场景构筑中，"人"注定要成为出发点和落脚点。以人筑城，与城市共生、与生活共融的城市美学，终极目的是让人在城市中拥有丰富和自由的选择。

2. 空间场景是生产、生活发生的场所，也是精神文化的载体

城市空间在生产、生活之外，还为人提供游憩活动空间。其美学意义涉及价值观、生活方式、符号、文化等意象。城市作为历史发展的产物，人类生活的方方面面都在此交汇，工业化进程的加快使城市空间的这种聚集特征更为突出。大城市的丰富资源促使许多人涌入城市，城市消费文化和人们彼此之间的相互影响、融合使得他们原有的身份属性逐渐弱化，于是空间就成为附加环境和情感归属的场景，在新的信息技术革命的推动下，场景的品质则成为不同空间集聚创新活动、促进知识更新、留住投资和人才的关键。

比如，上海市提出人民城市建设"五个人人"的努力方向，即努力打造一座人人都有人生出彩机会、人人都能有序参与治理、人人都能享有品质生活、人人都能切实感受温度、人人都能拥有归属认同的城市，将可阅读的建筑空间、可亲近的滨水空间、可漫步的街道空间、可休憩的绿化空间、集约高效的地下空间的精细化建设，作为创造城市美好生活的重要抓手，同时通过市民人人参与城市管理，来共同提升城市品质，打造宜居宜业宜游的城市环境。

2.1.3 空间美的塑造手段

1. 通过空间缝合完善空间结构

国内许多城市都经历了由老城到卫星城再到新城的发展过程，城市各片区基本确立了相应的功能定位，但由于过境交通等原因，片区之间缺乏必要的互动联系，功能碎片化问题日益凸显，空间形态整体感比较弱（图2.1-2）。

第二章
宏观视角下的
城市美学构建

例如，上海松江新城，通过打通多条连山通江的结构性通道，组成了环新城生态公园带，促进了生态廊道与新城的内外联通。通过"井"字形路网，和新建的松江枢纽交通综合体，有效地疏解了过境交通问题。轴带串联，缝合营造，进一步完善了城市空间结构（图2.1-3）。

图2.1-2　过境交通穿越导致彼此割裂城市格局

图2.1-3　松江新城总体空间结构示意图

031

2. 通过TOD模式完善空间结构

从平面到立体，从城市社区到都市圈，交通一直在潜移默化影响着城市的"命运"。伴随着城市扩张与轨道交通建设，空间的集约化发展需求日趋强烈，综合立体的交通体系为城市发展提供新增长空间，作为结点的交通枢纽，能有效改善现有城市结构。

TOD（Transit Oriented Development）理念是美国新城市主义代表，由Peter Calthorpe在20世纪90年代首次提出。他提倡在公共的区域以公共交通站点为中心在周围进行土地开发。TOD又被称作为优先发展模式，是一种以公共交通工具为主导的开发规划模式，其中的公共交通工具主要是指火车、飞机、高铁、地铁、轻轨的轨道交通及巴士干线，然后以公共站点作为中心，以400~800m也就是步行五分钟到十分钟的路程作为半径建立城市中心或者是中心广场，集办公、商业、教育、文化和居住等多种用途为一体，使居民和员工更方便地选用多种出行方式，同时为当地区域带来活力。

随着我国城市轨道交通和高铁网络的飞速建设，轨道交通作为城市变革的推动力日益增大，TOD视角下的轨道站点及其周边开发，对城市功能和开发价值的提升获得广泛认可，迎来空前发展机遇（图2.1-4）。以公共交通为导向的TOD模式，不仅是单纯的交通优化与

图2.1-4　广州越秀国际会议中心与周边空间环境

提升,更为城市空间提供了一个完善与重构的契机。TOD是城市的中心或副中心节点,为形成多中心城市结构、缓解城市交通压力提供了重要助力。

3. 大城市构建合理的多中心空间结构

在城市化进程中,部分城市功能空间结构存在不同层面的问题,主要表现在强烈的单中心结构,中心强边缘弱的内外不均衡,城市建设与交通发展的不协调,城市交通运行压力大等方面。多中心空间结构有利于提高经济绩效、降低通勤时耗、提高土地集约化水平。

例如,济南计划通过《济南市国土空间总体规划(2021—2035年)》实现由"单中心组团状"向"多中心多轴线网络化"的城市功能空间结构转变(图2.1-5)。打造"依山拥河、泉湖相济,双十字轴带,多中心网格"的空间格局,形成多心支撑,强化城市中心对团

图2.1-5 济南市主城结构规划图

状片区的带动作用,破解"单中心"发展带来的城市问题。规划具体做法包括:优化提升城市主中心,构建功能高度融合的国际化、多元化、高品质城市活力中心;打造大桥城市副中心,建成带动新旧动能转换起步区高质量发展的引擎核心;强化片区中心的综合服务与特色专业功能;完善地区中心的本地服务功能,推动职住平衡;提升社区中心的生活服务功能,改善生活品质等策略。

4. 以轴线为城市空间骨架,与各组团形成良好的空间格局

城市轴线是一种线性元素,通常以一条延伸的线或者道路将城市中的不同地点联系在一起,成为城市的精神和文化中心。深圳作为全国城市建设的典型范例,城市中轴线的设想最早出现在1982年的总规草图中,到了1983年,这条中轴线延伸为与深南大道交汇的"十字轴"。当年,中国著名建筑规划大师吴良镛、周干峙为深圳中心区画上一道南北中轴线。这条中轴线上,串起城市的精华——会展中心、CBD商务区、市民中心、深圳书城、图书馆、音乐厅、少年宫、莲花山公园。轴线的北端,从莲花山广场到中心书城屋顶,再延伸至市民中心广场,而跨过深南大道,在中轴线的南端,为中心城、皇庭广场两大购物中心。深圳中轴线就像一串糖葫芦,是城市中心的所在,串起城市的精华,联系城市的各个组团(图2.1-6)。

图2.1-6 深圳中轴线

[2.2]

用色彩感知城市

"青瓦出檐长、马头白粉墙、长街灰巷、黄瓦红墙"的城市个性,提升了城市居民的归属感和幸福度。一个城市的特色由它的自然地理、历史人文、民风民俗等多个因素组成。在城市建设中如何处理好现代经济发展和传统文化传承的关系,如何更好地构建城市色彩,体现城市文化个性,为市民营造舒适的生活环境等问题是本章节研究的重点。

2.2.1 城市的颜色

城市是一个由色彩、造型、材质综合构成的视觉体验综合体,传达着一个城市的历史、文化、个性与品位。我们的城市更多的是一种人造环境,色彩作为媒介,附着于建筑、景观、交通等城市功能载体上,帮助城市打造个性名片,传达着一个城市的精神、文脉、温度、魅力。

城市色彩可以理解为城市公共空间中所有物体外部被感知的色彩总和,可以分为自然色彩和人工色彩两大部分。自然色彩即裸露的土地、岩石、植被、树木、河流及天空等;人工色彩是指建筑物、硬化的路面、交通工具、公共小品、广告店招牌以及行人服饰等。一个城市的经济实力、生活质量、文化价值都通过城市色彩来展现,城市色彩是一个城市区别于其他城市文化、风貌、人文等综合价值的重要组成部分和视觉标志。城市色彩作为城市的语言,带给观者最强烈、最直接的城市印象。

城市色彩应该怎么去做?在城市更新、生态修复、文化滋养等背景下,城市色彩研究需结合城市文化、历史、特色,让生活在城市中的人更有归属感,坚定城市自信,更多地关注人在色彩环境中的情感体验。

2.2.2 城市色彩的缘起与发展脉络

中国城市色彩规划起步较晚，目前处于探索期。国际上，城市色彩研究已有200多年历史，我们可以借鉴国外的成功经验，从而探索和构建适合中国国情的城市色彩规划方法（图2.2-1）。

1. 法国巴黎（欧洲古典）

20世纪70年代，法国的色彩学家让·菲利普·朗科罗（Jean Philippe Lenclos）从色彩的角度向城市提出了保护自然环境色彩和人文环境色彩问题，并提出了"色彩地理学"的概念（图2.2-2）。让·菲利普·朗科罗走遍法国大街小巷，进行拍照和测色，对调查结果分析研究，发现色彩具有明显的地域倾向。他认为："一个地区或城市的建筑色彩会因为其在地球上所处的地理位置的不同而大相径庭，这既包括了自然地理条件的因素，也包括了不同种类文化所造成的影响，即自然地理和人文地理两方面的因素共同决定了一个地区或城市的建筑色彩"。

让·菲利普·朗科罗的色彩理论得到了学术界的广泛认同，对于世界各地的色彩研究机构的研究工作具有深远的影响。色彩地理学将自然科学与社会人文相结合，将色彩学与地理学相结合，从地缘及其文化角度来审视、考察、研究色彩及其相关性问题。

在色彩地理学的基础上，法国巴黎规划部门完成了对大巴黎区规划的两次调整，今日巴黎的米黄色城市基调就是形成于那个时期。

2. 美国西雅图（现代都市）

西雅图位于美国西北部的华盛顿州，坐落在普吉特海湾和华盛顿湖之间的狭长地带上，是美国西北海岸重要的港口城市，这里不仅是个山水之城也是个多彩的活力都市。西雅图境内河流、森林、湖泊和

第二章

宏观视角下的
城市美学构建

城市色彩规划发展史

意大利 17世纪下半叶~18世纪上半叶梅第奇家族托斯卡纳大公梅迪奇二世时期，巴洛克风格建筑兴起，意大利都灵的建筑外立面装饰以建筑色彩规范的严格延续。

美国 1926年，美国辛辛那提全面重建中心城区，统一采用"热带装饰艺术风格"，鲜明多样的色彩效果，形成了独特的迈阿密装饰"艺术街区"规划，这一规划延早期恐怖的严格风格延续。

俄国 1929年，莫斯科城市规划战略纳入建筑外立面色彩规划和设计。

欧洲 20世纪50年代中期欧洲战后重建方兴未艾，自然环境、建筑、工业产品之间色系的系统色彩研究兴盛，并在此基础上诞生了世界第一部具有现代意义的城市色彩规划。

法国 20世纪60年代开始，法国色彩设计师朗克罗罗在Vaudreuil新地区的城市色彩运用色。1965年，他开始着手构建"色彩地理学"理论研究方法论述。他的色彩设计方法运用到城市建筑外立面设计、城市设计和环境色彩设计中，并未考虑到与建筑专业立面效果相结合。朗克罗在这中又造出一个"每个镇都有自己的公共色彩空间"。1969年法国启动了一系列在当时的城市设计规划。因此1969年区域规划和国土开发局委托France & Michel Cerf为法国北部的城市如Lille-est进行色彩设计。几年之后，法国对巴黎周边的94个新城进行色彩设计和研究。

日本 1970—1972年，东京形成《东京色彩调研报告》，并在此基础上进行了城市色彩研究工作和"装饰艺术街区"的色彩规划。

美国 1976年，迈阿密设计保护联盟成立，开始了对迈阿密海滩"装饰艺术街区"的色彩研究修复工作，并制定街区色值。

俄国 20世纪80年代，在建筑学教授A.Andrei Efimov带领下，莫斯科中心城区的建筑完成了色彩修饰工作。这项研究证明了传统建筑色彩之间的影响相续性，为城市带来了文化上的色彩视觉冲击结果，至此，建筑师和城市规划师开始接受了这样一个理念，即建筑、色彩在城市设计和城市规划中扮演着相当重要的角色。

意大利 1980年Giovanni Brino和建筑师Franco Rosso在切实的色彩考证的基础上，证实了19世纪上半叶都灵城市中建筑的生态环境，成功地完成了都灵北部公布了一项启动了城市色彩规划，颁布了建筑通体"都灵黄"的色值规范。

俄国 1981年建筑设计师Grecie Smeda在世界最北的城市朗格斯城进行了色彩修饰工作，为此环保建筑与环境对协调研究，完成了对北市城的色彩运用。

意大利 1982年意大利都灵城市修复学院组织复兴意大利30多个城市和地区的主要城区建筑和立面也得到立面修复。1986年意大利修复工程正式开始。

美国 1982年Giovanni Brino和建筑师Franco Rosso着手按照1980年代迈阿密海滩"装饰艺术街区"的建筑色彩规划，对建筑色彩灵感活用中部蓝通色。

法国 1986年，建筑师Bruno Goyenche开始了对法国和美国南部城市和地区的主要城区建筑开始修复工作，为此建筑制作出一套色彩色彩，同时建筑和不同色的立面使用的色版。

意大利 1991年都灵城市修复学院改组为建筑总组，意大利国内的实验面修复实验室。开始在意大利、瑞士、法国等多地，法国密海湾筑基用手修复修复工作。

挪威 1993年，挪威Romkunst学院和奥斯陆建筑师总会一起，托与意大利著名建筑学教授、色彩咨询师Tom Porter对挪威首都奥斯陆进行分析，并建立了典斯陆城市景在一个统一的建筑风格和色面使用，建立面色版。

英国 1995年Tom Porter与其他建筑师一起，着手开展英国城市色彩修复工作。

意大利 2005年建筑外立面修复实验室和其他组织开展了意大利小城Sasello城市色彩规划和色彩修复工作。

| 1700 | 1926 | 1929 | 1950 | 1960 | 1970 | 1975 | 1976 | 1980 | 1981 | 1982 | 1986 | 1991 | 1993 | 1995 | 2005 |

图 2-1 世界城市色彩规划发展主要脉络及重要事件

037

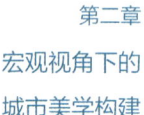

图2.2-2 法国巴黎城市俯瞰图

田野广布,受海洋影响,属于温带海洋性气候,全年温和湿润,是全球公认的宜居宜业的城市。西雅图的美,三分拜雷尼尔山所赐,这座"终年白头"的大山,是世界上最雄伟的山岭之一,山顶终年积雪,在山腹的草原地带,每到七八月间积雪开始融化,高山上的野花盛开争艳,在风中摇曳,呈现出千姿百态的自然之美。西雅图的城市色彩仿佛是雷尼尔山的缩影,西雅图市内的自然资源丰富,且得到了很好的保护,人工景观依自然景观而建,在良好的自然环境背景下映衬着丰富多彩的人工色彩,为城市注入了鲜明的城市韵味。西雅图的城市基调色更多的是受地理环境的影响,呈中高明度[①],低彩度[②]的灰色调,透着不屑媚俗的清高(图2.2-3)。始建于1851年的西雅图,历史并不算悠久,但是这个地处美国太平洋西北沿岸的港口城市却充满着强烈的艺术气息和文化魅力,受艺术和文化的影响,城市的辅助色和点缀色如同夏季的雷尼尔山山腹一样多姿多彩。如果说西雅图的城市基调色是优雅的、沉稳的、大气的、雅致的,那么它的辅助色和点缀色便是先锋的、后现代的,独特的、未来的。

---

① 明度:指色彩明暗程度。即色彩是明亮还是暗淡。标准色彩体系中的明度分为10个等级。从0到10,数值越高,色彩越明亮。
② 彩度:指色彩鲜艳程度。即色彩是鲜艳还是浑浊。标准色彩体系中将常用色彩的彩度分为10个等级,从0到10,彩度数值越大,色彩越鲜艳。

第二章
宏观视角下的
城市美学构建

图2.2-3 美国西雅图城市俯瞰图

3．挪威朗伊尔城（自然特色）

朗伊尔城位于挪威境内，是北极圈里最北的小城。原来的朗伊尔城建筑房屋色彩是比较灰暗的，地理条件的恶劣以及生活环境的单调使得人们对朗伊尔城敬而远之。20世纪80年代，挪威政府决定出资改造和重新规划朗伊尔城的建筑色彩，改善当地居民的生活环境（图2.2-4）。整个色彩改造和重新规划设计、实施，经历了近20年。色

图2.2-4 挪威朗伊尔城

039

彩调研根据不同季节、不同气候条件实地观测和拍摄记录。最终通过视觉实验分析和客观评价，设计师决定将朗伊尔城的城市建筑色彩主调，定位在视觉实验效果最理想的中明度中彩度区域的中间色。同时，视觉实验中还发现当地居民更愿意接受暖色，不喜欢冷色。考虑到该地区寒冷的基本自然条件和居民的普遍色彩喜好，设计师进一步将色彩主调锁定在红色到黄色之间的暖色色相区域，仅以少量的冷色作为点缀。

4．日本京都府（东方美学）

目前国际上的色彩规划管理分为两种模式，一种是欧美模式，主要研究重点是色彩修复，如意大利都灵；另一种是从城市规划管理层面发展城市色彩的亚洲模式，一般是由政府主导的城市色彩规划，其中日本为典型代表（图2.2-5）。

日本是对城市开展色彩规划实践较多的国家。现今，几乎每一个

图2.2-5　日本京都府

第二章
宏观视角下的
城市美学构建

日本的城市都建立了自己比较系统的城市色彩规划指南。指南里多是导向性的规定以及相对规范的城市色彩应用原则。这些原则包括：尽量寻找色系相近的颜色搭配；在整体色调统一的基础上，对颜色进行丰富和扩展。目前在日本建筑界开始流行一种"协作"，建筑、园林、灯光、色彩等专家在设计初期就开始合作，共同确定建筑的设计风格。比如园林设计家在选用花卉、树种时，就要考虑它们的颜色是否与建筑的色彩搭配协调。这种"协作"更加确定了色彩在各领域的重要性，使色彩更早介入，有效把控项目的色彩整体性。

我国的城市色彩起步较晚，1998年，《杭州市湖滨地区整治规划》中，色彩作为其中一项进行研究。该色彩研究是国内首次引入色彩地理学，并将其应用于中国城市色彩实践（图2.2-6）。2000年8月1日开始实施的《北京市建筑外立面保持整治管理规定》是我国城市色彩规划管理规范化和法制化的开端和里程碑。而后，其他城市陆续开展城市色彩规划措施。据不完全统计，截至2022年，全国已有300多个城市做了城市色彩规划（表2.2-1）。

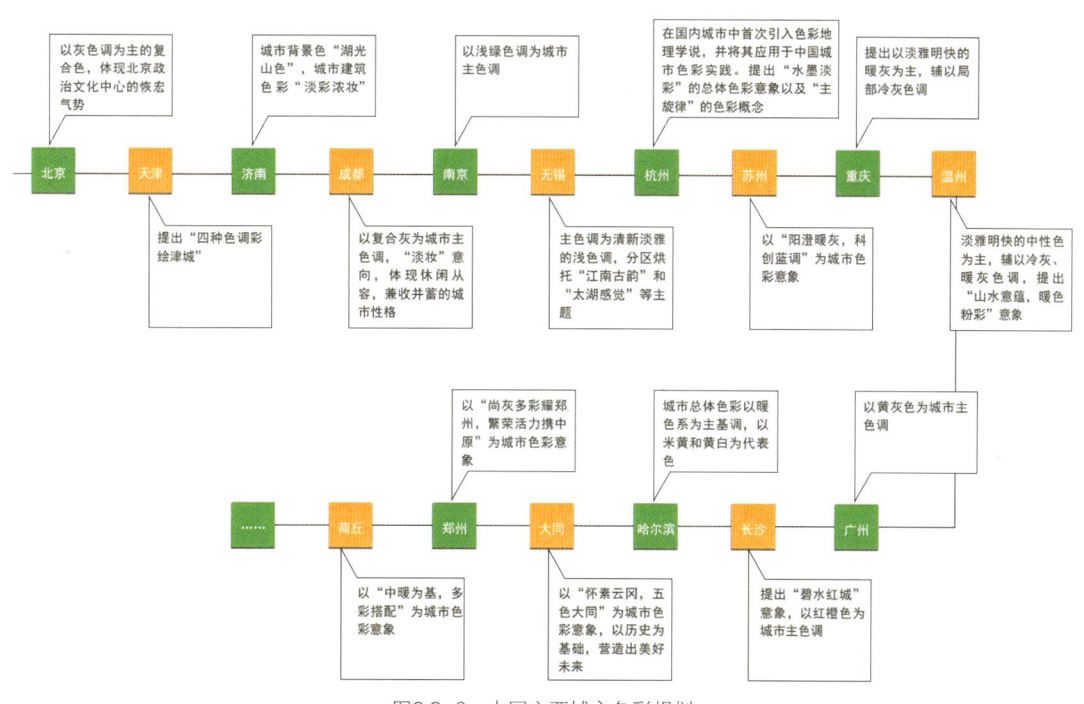

图2.2-6　中国主要城市色彩规划

041

近些年国内城市色彩规划研究一览表　　　　表2.2-1

项目名称	时间	项目类型	研究单位	成果及意义
福州市中心城区城市色彩规划	2015年	城市色彩规划	福州市城乡规划局	梳理出福州市中心城区的未来景观发展方向的色彩规划理念
大同市城市色彩规划	2016年	城市色彩规划	大同市城乡规划局	运用科学的方法从城市本身出发，制定与之相配套的色彩导则
贵阳市城市风貌导则	2017年	城市风貌研究	贵阳市城乡规划局	针对城市色彩，确立了城市总体风貌的目标，构建特色鲜明的城市
成都市公园城市色彩控制规划	2018年	城市色彩规划	成都市规划和自然资源局	选取天府黄作为成都公园城市的主色系，塑造时尚淡雅、古朴自然的天府黄色彩意境
焦作市城市色彩专项规划	2019年	城市色彩规划	焦作市自然资源和规划局	突出"文绿"相融，融合焦作的山水城市特色，确定"绿映山水·墨润雅城·色暖怀川"的总体色彩基调
北京城市色彩城市设计导则	2020年	城市色彩导则	北京市规划和自然资源委员会	用色彩打造丹韵银律北京城
无锡市梁溪区老旧小区建筑色彩改造规划	2021年	建筑色彩应用指导	无锡市梁溪区住房和城乡建设局	制定了梁溪区老旧小区改造建筑色彩推荐的色彩范围及建筑色彩设计与管控原则
福州市城市色彩规划实施导则	2022年	城市色彩实施导则	福州市自然资源和规划局	提出"清新山水，古雅榕城"的城市建筑色彩主题
呼和浩特市城市色彩专项规划	2023年	城市色彩规划	呼和浩特市自然资源局	明确城市色彩定位，统筹城市整体色彩导向，强调区域色彩融合，提升城市形象

2.2.3　城市色彩规划技术路线

城市色彩的规划和管理，包含了对传统城市色彩的保护和传承，形成适应城市发展定位的色彩基本风格及主色调，同时，考虑视觉景观和谐、平衡、美观及不同人群对色彩感知偏好的多样性。《"十四五"发展规划及2035年愿景目标纲要》中提出，城市的更新应具体问题具体分析，挖掘城市基因色，保护和延续城市文脉，在符合城市的发展需求前提下，继承当地色彩文化，不宜以"一刀切"的模式确定城市色彩方向。

城市色彩规划是低成本高成效的美化城市形象的重要手段。高速

第二章
宏观视角下的
城市美学构建

发展的现代化建设中，趋同的高科技建造手段一定程度上削弱了城市色彩的个性，割断了城市的历史文脉。城市色彩规划的介入可以有效地解决城市建设过程中存在的各种色彩问题。科学合理地规划城市色彩秩序，展现城市特色、时代发展、历史文化和环境景观的风貌。

另外，城市色彩规划也是城市建设的重要手段。城市建设过程中，高质量营造城市色彩，需要充分认识城市的地理地貌等自然色彩资源，城市的历史、文化、建筑等人文色彩资源，城市发展中的时代色彩趋势，编制城市风貌、建筑等色彩规划内容来指导落地实施，推进城市精致建设，深化城市现代治理。

最后，城市色彩规划是协调环境与景观，打造可持续发展城市新形象的重要手段。城市色彩规划需协调城市自然色彩与人工色彩，串联城市区域色彩，提出科学适度的色彩管控措施，控制城市"噪色"的出现，使新建筑与古建筑有机衔接，新城与老城风格一致，提升城市整体品质。

近年来，我国进行色彩规划实践的城市越来越多，国内城市色彩规划研究的趋势已从最初的关注视觉感受和心理感受逐渐转向关注城市本身的文化特色，从关注城市色彩主色调转向关注具体区域的色彩特色。城市色彩规划技术路线包含"专业认知-调研分析-色彩定位-色彩管理"四个环节（图2.2-7）。

色彩审美具有明显的地域性倾向，生活在不同地区的人群对色彩的偏好具有明显差异。某种程度上说，人们对色彩的审美倾向也是环

图2.2-7 城市色彩规划技术路线

境的产物。通过调查地域的土壤、植物、天空的色彩、当地建筑色彩风格和民俗特色装饰等得出城市环境用色现状,从而确定该地域的"色彩特质",进而运用在今后的城市色彩规划、城市建筑与城市设施、广告招牌等多个领域(图2.2-8)。

图2.2-8 城市色彩的重要组成要素

2.2.4 挖掘城市特色,构建色彩美学

城市色彩,是城市环境与城市文化的重要组成部分,更是城市经济发展阶段性的必然产物。城市色彩美学的研究,正是要平衡和解决城市色彩所面临的问题。通过有效的色彩研究与色彩控制,更好地让城市与自然环境相协调、延续城市历史文脉、发掘城市的自身特点,符合城市发展要求。

一个城市从诞生到发展、繁荣的过程中,沉淀下来的色彩文脉,涵盖了自然色彩、历史文化色彩、古建文保色彩、传统民居色彩以及象征地域人民精神的人文色彩等自然与人工的色彩(包括天空、土壤、植被、建筑、景观、店招、雕塑等)。这些城市中具有地域性、独特性、传承性的色彩就构成了地域基因色(图2.2-9)。

地域基因色展现独特的城市风貌,形成一个区域持久的核心竞争

城市的色彩DNA

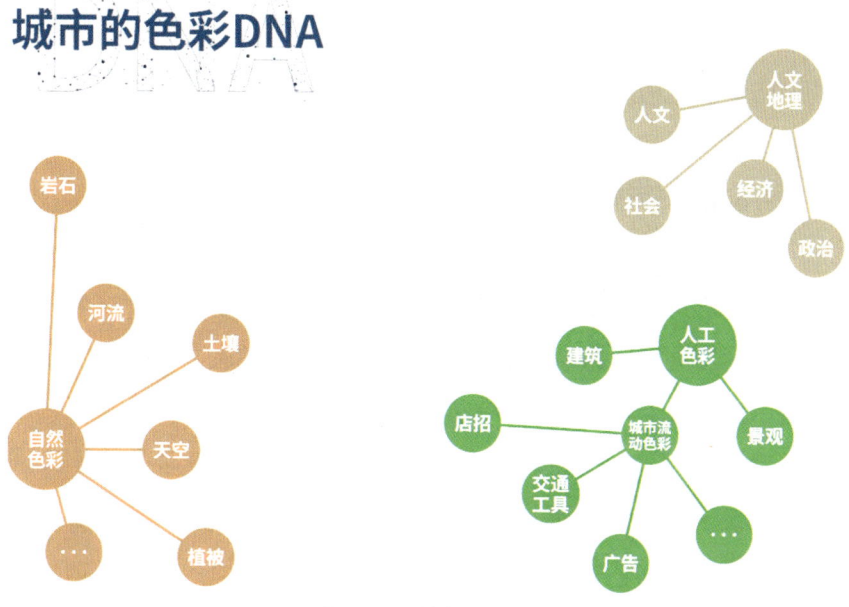

图2.2-9 城市色彩DNA

力。在深入了解当地文化传统用色习惯、尊重地方自然资源与人文资源的基础上，强调地域特色和挖掘文化内涵，构建出鲜明完善的地域基因色彩体系（图2.2-10），通过实际应用，让城市在保有文化特色的同时彰显时代风貌，增强居民的认同感和归属感。

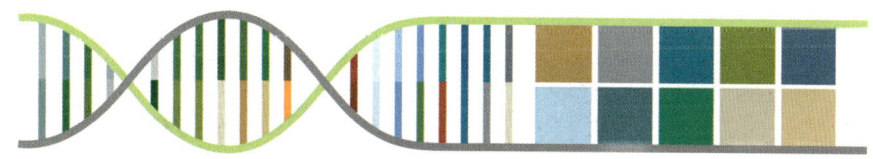

图2.2-10 城市色彩DNA提取示例

一个城市的色彩面貌，是城市地域特色最直观的体现。和谐有序、特色鲜明的城市色彩，不仅体现了一个城市的历史文化，更是一个城市性格、精神的展现。著名的浪漫之都法国巴黎，建筑墙体呈现米黄色调，屋顶采用内敛的深灰色，这两种色彩的组合，给这个城市增添了浪漫而优雅的气质。巴黎的住宅、府邸以及集市建筑，其简洁明了、整齐有序的色彩环境都传达出沉着、雅致的美感。蓝色自古便是希腊民族钟爱的颜色，简洁的蓝白组合，与周围的海景融为一体。

作为蜜月旅游胜地的圣托里尼，用蓝色代表澄澈，白色代表纯洁，传达了对于爱情的美好宣言。中国的皇城北京，厚重的文化底蕴与现代化的城市建筑交相辉映。以红色系为代表的暖色，展现了北京传统建筑皇城印象；以灰色系为代表的冷色，体现了政治文化中心的恢宏气势，古今融合，相辅相成（图2.2-11）。

城市色彩美的核心、色彩形式美的最高法则是多样统一。统一是指城市各个空间色彩服从、统一于整个城市的主色调。城市是一个系统，城市的主色调体现在主要景观、建筑群体、植物、街道等实物色彩的组合关系中。多样性，则要求城市色彩在变化中、差异中来实现协调；在统一的色调基础上对不同功能的地区、不同年代的建筑等进行色彩管控，从而达到丰富城市色彩的作用。

心理学家认为，人的第一感官是视觉，色彩对视觉所带来的影响往往是多重因素交织的复合效果。在不同年代、意识形态甚至地域中，大众对色彩的感知和偏好都有所不同。通过色彩刺激后，感官传导至心理层面的冷暖与轻重感受会引发兴奋、沉静、活泼、庄严等一系列感知体验。例如黑色使人感到敬畏、庄严，白色使人感到纯

米黄色调的法国巴黎　　蓝白色的希腊圣托里尼　　皇城北京的红色

图2.2-11　城市色彩印象

洁、善良，红色使人感到热情、活力，粉色使人感到甜蜜、浪漫等（图2.2-12）。

故此，城市色彩设计不仅要注重三维空间上的色彩传达，更要注重心理上的色彩可传达性；不仅要重视自然、地域、历史、文化特色，更应该体现对"城市受众"的尊重。杂乱无序的城市色彩不仅会破坏城市整体形象，还会对大众生理、心理造成消极、负面的影响。例如，杂乱跳脱、突兀的建筑色彩，对视线污染的巨幅广告等，都会产生"噪色"的现象，进而破坏城市人居环境，降低生活品质。

温暖、素雅的城市建筑色彩

热情、活力的建筑色彩

沉静、婉约的建筑色彩

利于儿童健康成长的建筑色彩

图2.2-12 中国城市发展建设现状

2.2.5 远、中、近景下的城市色彩系统化设计

城市色彩系统化设计需要因地制宜，综合考量城市远、中、近景的规划、设计、建设。通过色彩把城市品牌、建筑立面、城市家具、户外广告等城市视觉元素有机融合（图2.2-13），共同打造宜居、宜业、宜商、宜游的城市，让"色彩"赋能城市品质提升。

城市色彩系统化设计应重点把控以下几方面：

第一，以城市色彩规划为依托，整合城市各片区建筑色彩规划、户外广告色彩规划、照明色彩规划、控制性色彩详细规划以及各种专项色彩规划，构建科学、合理、合规、可持续的城市色彩规划体系，强化色彩对城市建设和发展的引导统筹作用。

第二，坚持"以人为本、生态优先、现代与传统兼顾、分类管

图2.2-13 城市色彩系统化设计

控"原则,打破专业领域的壁垒,整合区域资源,挖掘城市基因色。在具体实践中,需要充分利用城市自然资源、生态优势、区位交通优势等,打造具有区域竞争力,协调发展的城市景观色彩;优化城市色彩结构,塑造形态完整、色彩合理、适应发展的城市景观风貌;突出城市历史文化特色,强化城市个性,营造多元文化氛围浓厚的城市色彩环境;充分结合城市建设规划,通过色彩分区规划,从长期、中期、短期为城市建设提供灵活、动态、可持续发展的色彩理念。

第三,科学的色彩体系作为指导。立足城市的长远发展,科学谋划,切实遵循城市发展自身的客观和地域性规律,形成逻辑清晰的用色思路,在整体色彩规划框架中,鼓励创新性、多样化的色彩表达方式。

第四,坚持"建管并举"。城市色彩规划执行"三分建七分管",注重跟进城市色彩管理,持续投入色彩规划的落地实施,着力优化城市色彩管理机制,助力城市精细化管理。

城市色彩系统化设计的具体实施,则是将色彩的应用与协调考虑在内,通过城市远、中、近景尺度,创造出城市色彩在审美感知上的连贯性与整体性。

1. 城市远景尺度的色彩实施操作

城市远景是城市宏观色彩基调,展现了城市的整体色彩形象。在设计时,需要整体考虑地域特点,协调城市建筑、景观绿化、夜景照明等不同元素的色彩,塑造和谐统一、特色鲜明的城市远景色彩形象(图2.2-14)。

在城市远景视野中,建筑的屋顶所承载的美学功能越来越受到重视,其配色效果也决定着城市景观色彩的品质。从不同类型的屋顶来看，建筑物的坡屋顶色应选用与周边景观，特别是自然景观相和谐的颜色，注意控制彩度；建筑物的平屋顶色，应与建筑外立面及周围环境相协调（图2.2-15）。

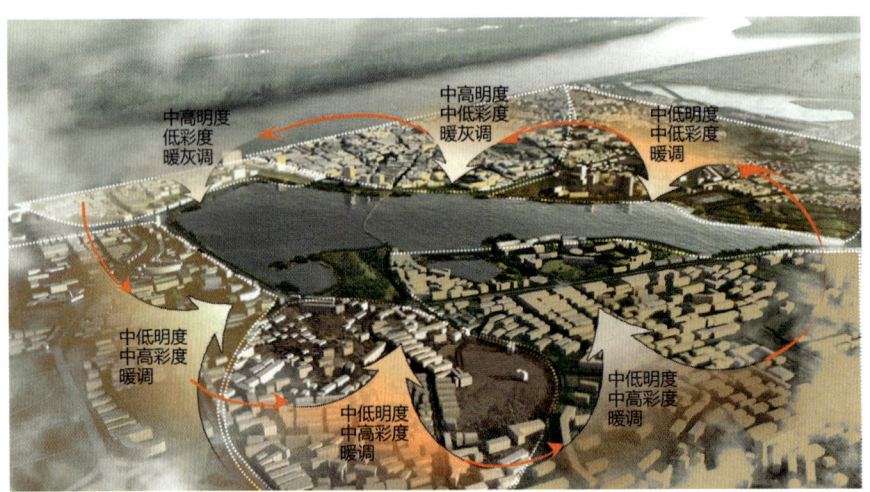

图2.2-14　城市色彩规划总图示例

图2.2-15　城市建筑屋顶色彩改造前后对比图

2. 城市中景尺度的色彩实施操作

城市中景主要由城市中一定区域内的建筑、街道、绿植、广告招牌、城市家具等要素共同构成。城市中景色彩，是城市色彩宏观基调的进一步细化。建筑作为城市中景色彩的主体，具有综合性、连续性的色彩特点（图2.2-16）。

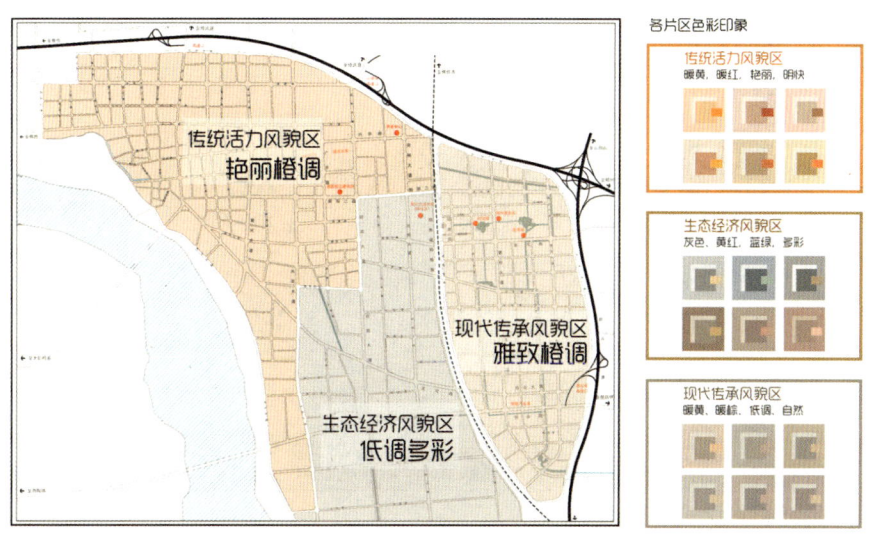

图2.2-16　城市色彩分区规划示意图

城市不同功能区域呈现出不同的建筑风格与色彩面貌。一定区域内的城市色彩应在统一之中富有变化，避免出现城市中景色彩的断点与孤立，通过不同建筑、街道色彩间的主从、关联，营造城市中景色彩（图2.2-17）。

3. 城市近景尺度的色彩实施操作

城市近景由城市中的单体建筑及其周围相应的城市家具、景观绿化、广告招牌等要素共同构成。城市近景色彩，是城市色彩的点状分布，强调单体构建物的色彩品质，避免造成视觉污染与干扰。

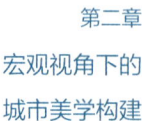

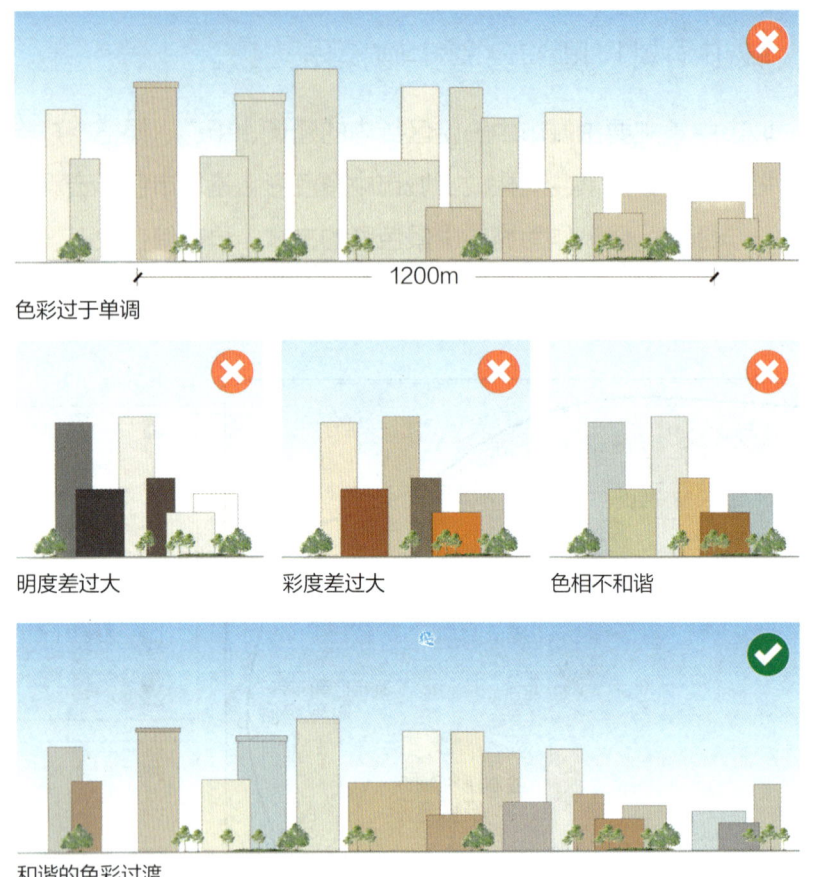

图2.2-17　沿街建筑色彩搭配要点

（1）建筑立面色彩搭配法则

可采用色相调和法、类似色相调和法、可识别度对比调和法、同时对比调和法进行搭配。

（2）建筑外立面色彩比例关系

建筑立面色彩分为基调色、辅助色、点缀色。其中基调色在建筑外墙面中占主导地位，决定建筑的印象基调，一般占建筑物外立面面积（不含玻璃）60%~70%，通常用在建筑的主体部位；辅助色是与基调色彩相辅相成表达立面色彩变化占比次之的色彩，烘托建筑的外观和结构，一般占建筑外立面面积（不含玻璃）20%~30%；点缀色是勾勒立面细节，强调立面线条的占比最小的色彩，一般占建筑外立面面积（不含玻璃）15%以内（图2.2-18）。

图2.2-18　建筑外立面比例关系示意

（3）建筑功能色彩引导

根据建筑不同的功能特征，将建筑分为居住建筑、商业建筑、办公建筑、工业建筑和其他建筑五大类，在色彩规划处理方面各有侧重。

（4）建筑单体色彩设计引导

① 建筑主体色彩的涂装方式

控制色彩涂装方式主要分为横向分段控制与竖向分段控制（图2.2-19）。特殊建筑可以有更多类型涂装方式，比如斜向涂装等方式。

图2.2-19　建筑涂装方式示意

② 建筑底部色彩引导

建筑底部的色彩属于建筑辅助色的一部分，应与建筑的上部色彩形成协调对比关系（图2.2-20）。

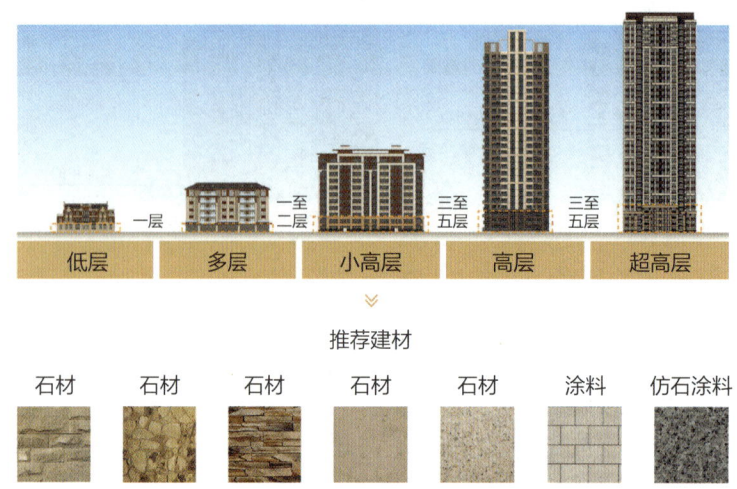

图2.2-20　建筑底部色彩要点

③ 建筑细部色彩引导

对能够展现建筑体型特征和功能特征的细部如门、窗、阳台、底部入口、格栅、檐沟、墙裙、装饰性线条等构件实行色彩设计与涂装（图2.2-21），有助于展现建筑外立面造型、明确构件轮廓，塑造建筑物风格，丰富建筑物色彩（图2.2-22）。

图2.2-21　建筑格栅色彩设计示意

第二章
宏观视角下的
城市美学构建

图2.2-22　建筑细部色彩设计示意

（5）建筑材料应用引导（图2.2-23）

① 涂料的应用：选择不同质感、色彩的涂料，适用于不同的建筑设计要求。针对涂料的使用耐久性做好维护和更新措施。

② 原生建材的应用：原生建材的使用应突出当地文化、历史、自然等色彩特点，并注意原生建材与人工建材的搭配。

③ 外墙砖等装饰材料应用：提倡采用色彩沉稳、质感良好的材料，且应注意材料反射率对环境的影响。

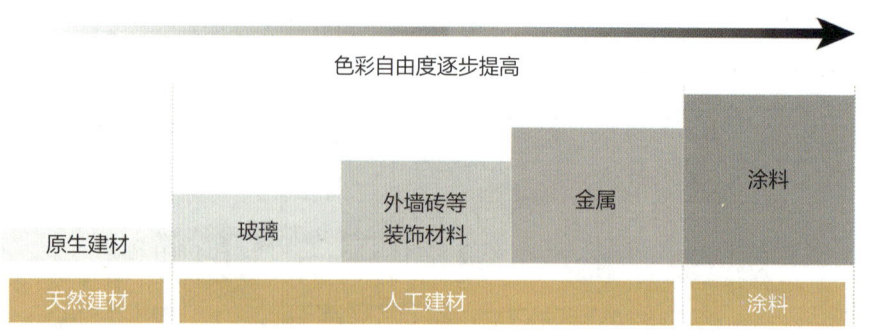

图2.2-23 建筑材料色彩自由度示意

④ 玻璃的应用：对于建筑物外立面玻璃或玻璃幕墙，提倡采用视觉通透感良好的玻璃装饰；不宜用深色或色彩艳丽的玻璃，同时玻璃表面禁止贴反光膜。

⑤ 金属或其他新型建材的应用：在尊重材料自身固有色彩的情况下，适度控制材料色彩彩度，应控制其彩度不高于4.0，与周边建筑及环境相协调。

（6）建筑色彩现场管理

建筑色彩的实际效果是受建筑体量，观察距离、材料特性、气候变化等多方面影响，在施工过程中应根据现场实际情况调整（图2.2-24）。

（7）建筑外立面禁用色

建筑色彩要求具备与自身功能、形式、体量相协调，单体建筑除

图2.2-24 建筑色彩现场管理

第二章
宏观视角下的
城市美学构建

特殊类别建筑外色调原则上不得采用大面积（指占建筑立面总面积的30%以上）高彩度的原色和深灰色，如红、黑、棕、紫、绿、蓝、橙、黄等，更不允许高彩度搭配的外观色彩（图2.2-25）。

城市是地域文明传承和文化识别的重要载体。为塑造鲜明的城市特色、彰显现代城市的精神风貌，进行科学有序的城市色彩规划实施，完善详细的城市色彩管理机制至关重要。未来，我国城市色彩的探索与实践，更需要社会各界齐心协力，充分挖掘城市特有的文化、历史、民俗、环境、建筑风格等基因，凝练城市的特色与个性，通过色彩的应用与实施，留住城市的命脉和灵魂，绽放城市的魅力，让生活在城市里的人们更有归属感、获得感和幸福感。

图2.2-25　建筑基调色禁用色色谱

[2.3]

用灯光照亮城市

入夜,璀璨的灯光照亮城市的各个角落。街巷、餐馆、超市、自家的餐桌,劳累了一天的人们放慢了脚步,享受属于自己的那一份惬意。灯光的照射下,城市充满着独特的烟火味道,展现了夜间光环境的独特魅力。

2.3.1 夜景照明的概念和发展

城市夜景照明是城市夜间景观综合照明的简称,由功能照明和景观照明两部分组成,这里我们主要探讨景观照明对城市美学的作用和意义。景观照明的对象主要有建筑、道路、公园绿地、广场以及城市市政设施等,其目的是合理利用灯光的美学效果对照明对象加以重塑,组成一个明暗有序、特色鲜明的夜景光环境。

景观照明通常采用技术和艺术相结合的手段,巧妙利用灯光的色温、色彩等特性,创造出具有独特美学感受的夜间光环境,以此展示一个城市或地区的夜间形象。

我国的城市夜景照明早在春秋战国时期就已经有了原始雏形,《周记·秋官》中有"凡邦之大事,共坟烛庭燎"的记载。此外,始于汉、兴于唐、盛于宋的元宵花灯习俗,就是利用悬挂各式各样的彩灯,营造灯火辉煌的节日氛围。

李商隐和白居易有"月色灯光满帝都,香车宝辇隘通衢""灯火万家城四畔,星河一道水中央"的诗文。宋代辛弃疾在《青玉案·元夕》中也描绘了元宵观灯盛况,最后一句"众里寻他千百度,蓦然回首,那人却在灯火阑珊处",成为传颂至今的名句。

从爱迪生发明第一支灯泡开始，照明从传统的自然界取材逐渐发展到现在的电气照明，技术手段的革新为城市夜景照明的发展提供了新的方法和有力的支撑。

19世纪末至今，夜景照明经历了白炽灯、荧光灯、高强度气体放电灯和LED灯四个时代。近几年来，激光、全息、光纤、导光管和发光二极管等技术的迅速发展及应用，使城市夜景照明得到了空前的发展。

我国从20世纪80年代中期开始，率先在上海、北京等大城市实施夜景照明工程，取得了很好的社会效益和经济效益，城市夜景照明发展进入了快车道。此后几十年间，国内很多城市进行了相关的"亮化工程""光彩工程"等实践活动，为城市美学在灯光领域的探索奠定了基础。

夜景照明的空间美感是光、色、材料、照明设施等系统组织、融合的结果，夜间光环境既有景观空间的审美效果，也要兼顾空间功能上的作用。设计上需要充分考虑城市的自然、经济、历史、社会和区域发展等因素，形成一个比例均衡、富有美学特色的夜间光环境。

2.3.2 对城市发展的重要意义

城市夜景照明首先需要满足使用功能、参与夜间活动环境营造，与此同时，作为城市美学的基本组成元素，夜景照明又承担了展示城市形象，提升城市夜间活力，推动城市夜间经济发展等一系列重要任务。

城市夜间形象是城市的另外一张名片，是城市形象展示中非常重要的一环，对于提高城市品位，塑造城市形象有深远的现实意义。我们通过专业的夜景规划设计，能打造一个功能完备、兼具景观空间审美效果的夜间光环境。这当中需要综合考虑自然、经济、历史、社会和区域发展等因素，把光、色、材料、设施等进行融合再造，即以文化为底蕴、科技为先导、灯光为手法来展示城市的夜间照明。

坚持可持续发展，是城市夜景照明更深层次的目标，城市夜景观的品质直观反映着城市夜间经济的活力，同时，具有蓬勃生气的夜间经济也直接带动着城市的经济发展，是城市新的经济增长点之一。

2.3.3 遇到的问题和困惑

近年来，很多城市都加快了夜景照明规划设计和建设的脚步，在这个过程当中难免会产生一些问题。

一是，夜景规划滞后。目前，大多数城市夜景照明建设缺乏总体规划，导致城市夜景各自为政，给城市整体形象带来一定的负面影响，另外也产生了一些使用问题。二是，建设过程中灯具应用不当，不能预判灯光可能产生的光污染问题。三是，缺乏节能措施。在夜景照明中贯彻节能理念非常重要，不分时段不区分夜景模式，开启所有照明设施，会造成很大的能源浪费，又增加了环境的污染。四是，后期维护和管理不到位。

同时，近几年蓬勃发展的城市夜景照明建设也带来了一些景观亮化工程过度化的问题。为此，国家也出台了相应的规范性文件，力图让夜景照明回归理性、科学和城市整体发展相适应。

2.3.4 夜景照明的美学构建原则

功能性、美学表达、安全、易识别、可实施、容易维护，是城市夜景照明系统遵循的基本原则。对于在城市美学基础上的夜景照明设计而言，其构建的光环境，应该具有独特的美学特征。

首先，形成氛围。由于人们的审美感知是有共性的，因此更容易形成一定的规模效应，从而汇聚形成氛围。例如，用光来照亮建筑，强调建筑的比例、颜色、形式，从而提升整体氛围。当建筑被照亮后，人就能通过感官来感受和理解，体验氛围。由此，照明为建筑增加了富有表现力的，甚至令人印象深刻的特质。这种以照明设计表达氛围的方式，能使环境的美学意境引发广泛的共鸣。

其次，艺术化的表现方式。建筑、街道、公园、绿地等作为不同的照明载体，其所需的灯光表现形式有很大区别。同时，商业区、办公区、居民住宅区等不同性质的区域也需要体现不同的艺术性，这对于灯光表现提出了更高的要求。设计师们使用不同的照明手法，调整投光方向、调节照度与亮度来控制光线的角度和明暗，呈现和白天不同的效果，从而打破自然光产生的光影模式，强调表现对象的特征，由此使人产生不同的心理感受。另外，灯光色彩本身所具有的引导性、象征性和情感性，能很好地塑造形象、营造氛围、增强吸引力。因此，通过色彩表达也能很好地提升夜景照明的艺术化表现力。

最后，从历史文脉中汲取养分，展现地域文化特征。探索照明在文化层面的表现方式，通过对地域文化的研究，提取照明设计元素，形成具有地域文化特色的照明设计理念。在当前城市夜景照明建设实践中，不顾自身的特点套用设计理念、模仿设计手法导致作品雷同的现象屡见不鲜，同时在经济利益的驱动下，一些城市盲目追求"亮化"和"夜游"，造成了"千城一夜"的结果。

2.3.5 在实践中探索夜景照明美学提升之路

泉州，古称"刺桐"，是中国东南沿海一座有着1300多年历史，写满海洋记忆的港口城市。从古代"海上丝绸之路"起点到跻身万亿GDP之城的现代化港口城市，泉州不仅拥有悠久灿烂的历史文化、自然资源，更是福建省重要的对外贸易门户，海洋产业、制造业繁荣发达。独特的闽南文化，乡土饮食，传承千年的传统工艺，悠扬婉转的南音曲调，兼具海上贸易和东西方文明交融的城市特征，赋予这座东方大港别样的风韵。2021年泉州"宋元中国的世界海洋贸易中心"列入世界遗产名录。同时，作为国务院公布的首批中国历史文化名城和"海上丝绸之路"的起点，泉州已登记的各级非物质文化遗产达到五百多项，其中有四项列入世界级"非遗"名录。

近年来，夜景照明对于泉州城市发展意义重大。通过一系列的夜景提升工程，泉州逐步打造出"夜泉州"这一城市品牌，夜间活跃指数位居全国前列，城市热度持续高涨，成为城市夜景照明美学提升的典型范例。

2022年，按照《泉州市中心市区照明提升三年行动计划》《泉州市中心市区照明提升专项规划》要求，设计师对泉州"门户廊道、山线水系、古城街巷和环湾新区"的夜景照明进行了全面的美学提升。以两江一湾作为主线，门户廊道为纽带，把两岸片区串联，实现古今交融，交相辉映的设计理念。设计通过展现泉州环山抱水的自然风光和久远悠长的历史文化，向世界展示了泉州海丝文脉、世遗文明的影响力和吸引力。

泉州设计中的美学基因重组分析。

1. 光色因子

从古城街巷、城市道路到江边堤岸，设计分别呈现了四种城市主色调：古厝黄、刺桐红、甘甜绿、碧海蓝，分别代表了泉州的本土建筑传统色彩、地域历史文化特征、城市自然风貌、山海地缘优势，将这四种色调融入城市灯光光色中，成为城市夜景观的主基调（图2.3-1）。

第二章
宏观视角下的
城市美学构建

图2.3-1　色彩提取

2. 美学元素

设计从泉州历史文化中选取了一些有代表性的美学元素，比如朝天门、开元寺中的建筑美学元素，泉州花灯、南音、迦陵频伽中的人文美学元素。设计师通过对这些美学元素的提取和再造，从地域文化视角下重新打造了泉州历史城区夜景照明设计策略，更好地保护和传承了当地的历史文脉（图2.3-2）。

设计以"光明之城·活力泉州"作为总体思路，重点刻画了由秀涂、东海、晋东、西滨、蚶江组成的海上丝绸之路核心环，通过亮度明暗、光色冷暖变化和大场景、多组团的联动，打造"海丝门户·梦想港湾"的夜景画面。古城中心、台商区、城东区等节点组成文化共

图2.3-2　人文美学元素

融环，展现"和谐统一，多元共融"的主题场景；公园节点组成的城市休闲环，通过临湖造景、景源延伸等方法，营造出"温馨舒适，多元互动"的体验空间；并由此形成三重递进的城市风貌展示环。

设计强化了"山形水系"的层次，对九日山、桃花山、大坪山等邻水视角山脊线做了适度照明，打造出清源山、紫帽山观景平台，从这里俯瞰泉州市区，"山、海、江、城"融为一体，自然和城市交融的画卷提升了城市美学的层级。同时对城市门户、体育会展、产业基地、特色服务等多元点位的差异化设计，最终形成"三环四楔、两带荟聚、多点共生"的夜间照明格局。

从城市宏观视角看，改造提升后，泉州夜景照明突出了"山-水-城"的视觉层次，水岸和山脊线表达清晰，基本解决了夜间整体视觉观感的问题（图2.3-3）。

从城市特定片区的中观视角来看，建筑立面的夜景照明仅仅强调了建筑本身的结构特征，缺少对地域性文化的深入剖析和综合表达，同时整体明暗关系不合理。设计改造强调了建筑天际线，通过局部的重点刻画，形成区域特色，满足城市夜生活的需求（图2.3-4）。

图2.3-3　远景照明提升

图2.3-4　中景照明提升

从近人空间视角来看，原有的夜景照明在公园、广场等空间里偏重照明的功能性，忽略了照明与景观的互动性，以及自身的丰富性、趣味性和审美特性。改造设计从市民夜间漫步、休闲娱乐的视角出发，扩大了市民夜间活动范围，增强了舒适性，提升了场所的整体美学价值（图2.3-5）。

图2.3-5　近人空间夜景照明

晋江景观带和洛阳江景观带夜景美学提升主要有四种设计思路和实现方法。

1. 通过青绿色系来刻画建筑顶部及立面装饰结构，利用灯光变化，形成流动的山水画面；2. 打造临江建筑天际线，强化闽南建筑的色彩韵味，丰富夜景观赏性；3. 根据建筑形态，利用冷暖光色对比，强调多层次起伏的建筑立面空间；4. 采用缓慢流动的彩色光进行链接，突出城市的时尚与活力。增加点光源提升视觉焦点的成像密度，凸显其核心地位，同时通过与周边建筑的联动，形成主次分明的动感画面（图2.3-6）。

另外，项目设计充分利用环湾面海的区位优势，通过夜景灯光再造，打造泉州城市"会客厅"和新"名片"。东海组团以中轴广场为中心向四周辐射，建立沉浸式观看界面，在广场增设可升降灯光装置，使灯光表演更立体、更有层次（图2.3-7）。以晋江南岸生态公园为主观

第二章
宏观视角下的
城市美学构建

图2.3-6 照明结构

图2.3-7 东海组团夜景效果

景平台的泰禾组团，则将摩天轮作为灯光表演的中心，在充分利用周边公共建筑原有灯光的基础上，补齐不足，使之形成完整的夜景视觉界面。通过画面展现闽南民俗文化，彰显夜景灯光的美学意境（图2.3-8）。晋江CBD组团围绕着世贸中心展开，提取泉州木偶戏、送王船等地方特色元素，与其他组团交相呼应（图2.3-9）。北滨江公园沿江广场是一个人流量很大的城市观景平台，百信组团设计通过三组联动建筑效果来展现泉州的辉煌历史和"开拓进取、顽强拼搏"的城市精神。

通过对桥梁、公园、道路节点、夜游项目的多点位设计，实现了对泉州夜景美学从点到面的全方位塑造。"闽中桥梁甲天下，泉州桥梁甲闽中"，泉州市区河网密布，桥梁众多。设计充分利用现有资

第二章
宏观视角下的
城市美学构建

图2.3-8　泰禾组团夜景效果

图2.3-9　晋江CBD组团夜景效果

源，打造一桥一主题，凸显桥梁自身美感。例如，田安大桥通过桥柱投影，表现泉州最有标志性的开元寺双塔。真武庙"祭海"、天后宫"祈福"等传统文化，配合光束灯将古老的刺桐城展现在观众面前。笋江大桥则重现了九日山摩崖石刻、清源山老君岩等画面。顺济新桥在桥墩加装不同风格门廊石柱造型的格栅屏，展现泉州的多元文化交融。刺桐大桥以水幕结合投影手法，描绘从泉州港出发，途经各国的风貌，展现泉州作为海丝名城的多元、包容，既突出泉州特色又面向世界文化。在技术上，田安大桥、笋江大桥等四座桥梁融合多种表现手法，利用投影、水幕、光束灯、LED等技术展现出宋元时期的泉州作为世界贸易集散地的繁荣景象（图2.3-10）。

项目对区域内公园的景观照明进行了适当的补充，在滨海公园、南岸生态公园等重点园区内，通过灯光小品、音频、多媒体互动设施等多样化的灯光设计手段，展现自然界的声音、人文景观等内容，通过灯光讲述一个个故事，增强了参与性和趣味性，丰富了人们的观景体验，提升了公园的吸引力。

图2.3-10　桥梁LED水幕投影

除此之外，此次美学提升设计还有很多亮点，以夜游为例（图2.3-11），设计利用AR虚拟增强现实技术，参与者可以利用手机、可穿戴设备等激活三维立体空间，通过设计中呈现的民俗艺术等主题画面，感受多维的沉浸式体验。在丰富夜游项目内容的同时，人和景合而为一，形成全方位立体化的夜景观系统。

泉州夜景照明美学提升设计以人的感受为先，在总揽全局的基础上形成有效记忆点，特色形象加主题演绎，增加了夜景观的视觉观赏性，"人光互动"等形式，突出了艺术性、科技感、趣味性，一系列创新的设计思路不仅提高了城市夜景的知名度，还为泉州夜间经济的发展开拓了广度和深度。

图2.3-11　夜游景观

[2.4] 用品牌打造城市

"桂林山水甲天下""孔子故里,东方圣城""书藏古今,港通天下",这些耳熟能详的语句让我们瞬间就会联想到它对应的城市:桂林、曲阜、宁波,它们或是拥有秀甲天下的自然风光;或是拥有源远流长的历史,优秀的中华文化;或是人杰地灵,经济发达。城市用自己独特的品牌形象,吸引了世人的目光,彰显其美誉度、知名度与竞争力。

2.4.1 由品牌引出来的概念

城市品牌一词最早是由美国杜克大学富奎商学院凯文·莱恩·凯勒教授在《战略品牌管理》一书中提出的"像产品和人一样,地理位置或某一空间区域也可以成为品牌。城市品牌化的力量就是让人们了解和知道某一区域并将某种形象和联想与这个城市的存在自然联系在一起,让它的精神融入城市的每一座建筑之中,让竞争与生命和这个城市共存。"城市品牌是城市建设者分析、提炼、整合所属城市独特的资源禀赋、历史文化沉淀、产业优势等差异化要素,并向城市利益相关者提供持续的、值得信赖的、有关联的个性化承诺,以提高对城市的认同感和满意度,增强城市的聚集效应、规模效应和辐射效应。

城市品牌形象是城市内在底蕴和外在良好特征的整体呈现,是一座城市区别于其他城市的重要标志。其中,城市视觉识别系统(Urban Visual Identity System),简称"UVI"系统,是城市品牌的具体视觉体现,包含"品牌战略、视觉形象、空间环境"三个体系。

品牌战略泛指城市的战略定位和形象输出点。目前很多城市之所以缺乏个性,大多是没有从战略定位的角度确定城市在目标受众心目中的形象。和其他城市相比,品牌战略需要厘清自身资源优势、竞争优势；考虑社会公众，尤其是投资者对城市品牌定位的认同。

城市视觉形象是城市静态展现的识别符号，是城市标识、字体规范、色彩规范、核心图形、形象代言、图像影片六大板块的具体延展，体现出城市的气质和特色。

空间环境则是在视觉形象的统筹下，通过将品牌标识、核心图形应用到建筑立面、户外媒介、店招牌匾、导视系统等相关载体上，从而形成统一的空间环境视觉体系。

这三个层级自上而下、逐级指导、相辅相成，共同形成一座城市完整的视觉识别系统。

2.4.2　形成和发展过程

20世纪20—30年代，城市品牌形象理论在西方一些国家萌芽并迅速发展，学者们开始思考城市存在及发展的意义和目标，提出城市的设计和发展应该以人为中心，同时强调文化和历史对城市发展的影响。20世纪60年代，随着企业形象设计理论得到广泛的认同和运用，一些城市开始尝试使用企业形象识别系统对城市形象进行规划设计。如日本东京公开征求新的城市标志，以此来配合其国际大都会的城市形象定位。20世纪80年代后，由于全球化进程的推动，城市形象设计及城市品牌营销在世界范围内受到关注和重视。同时，城市形象的内涵变得多样化，打造手段也逐步向商业营销靠近，强调从不同层面体现社会各个阶层的需求。

我国城市品牌形象的提法出现于20世纪末期，这个时期不断有学者提出城市形象设计的概念，同时也带来了一系列理论研究成果。从这些成果中可以找到城市品牌形象设计最初的形态。21世纪以来，中国城市正逐步从城市规模扩张转向城市品牌价值提升，我国城市正在进入提质增效的品牌建设时代。

相较于企业、产品品牌而言，城市品牌的内涵更广泛。它以城市为主体，包含经济发展、历史文化传承、城市营销宣传等方面。目前，各级政府都在不断探索城市科学发展的道路，随着城市间竞争的日益激烈，塑造城市品牌形象，提升城市综合竞争力，已经成为城市实现可持续、高质量发展的关键一环。

2.4.3 打造城市品牌形象的关键点

1. 关联性和融合性

城市品牌形象通常会融合城市历史文化、自然地理、经济发展、产业集群等各方面的特点和优势，形成相互联系的一个完整系统。城市品牌形象设计需要契合这些特征，才能鲜活生动，深入人心。比如法国巴黎形象视觉符号——埃菲尔铁塔、凯旋门、卢浮宫等与闻名于世的香水、时装、首饰等相互辉映，共同形成了浪漫之都的总体城市品牌形象。另外，城市品牌形象的关联性和融合性也是降低传播成本、实现传播效应最大化的关键。

2. 标识性和可视化

城市品牌形象中的视觉识别系统是其形象符号的外显部分。通过各种可视化的语言符号，有意识、有计划地利用现代化的传媒手段，将城市的各种特征向公众展示与传播，使公众对城市形象有一个差异化的印象和认知。

一个优秀的城市标志加上一套属于自己独特的视觉识别系统，就可以构造出完整的城市视觉识别要素。比如说大连的足球、深圳的拓荒牛、洛阳的牡丹花，分别从体育、城市精神、自然环境等角度折射出城市风貌和特征。城市形象视觉识别系统的设计要体现城市发展理念，传达城市精神文化，代表城市的审美品质。最后，通过营销策划、宣传推广活动，增强公众对视觉符号的识别度与记忆度，从而形成城市品牌效应。由此，社会大众更容易了解和接受城市的发展思想、管理理念、目标追求等，对于城市发展现状和前景给予积极正面的评价，吸引外来人口及外部投资，形成产业聚集效应，助推城市发展。

3．独特性和差异性

每个城市在历史的发展长河中沉淀下来的文化，众所周知的城市特色，地理区位优势，都是城市品牌形象形成的核心因素。建筑大师沙利文说，根据居住房子的环境就知道居住者的文化情况，根据整个城市的形象也就知道了这里的人们在文化上的追求。城市在塑造品牌形象时，可以从文化的视角对城市品牌的内涵挖掘和形象塑造。打造富有鲜明文化特色和文化内涵的城市品牌形象，已经成为当下城市竞争的重要课题。

世界上很多闻名遐迩的城市都具有独特的地域文化特征，通过其城市形象体现出并形成了文化品牌。如法国的戛纳、美国的洛杉矶是世界著名的影城，奥地利的维也纳被誉为音乐之城等。全球化时代打造城市独特性与差异性是打造城市品牌形象的关键。中国也有很多这样的城市，如瓷都景德镇，酒城泸州等（图2.4-1），它们以独特的文化、产业特征展示城市风貌，形成区别于其他城市独特的品牌形象。

图2.4-1　泸州城市品牌LOGO

2.4.4　城市品牌形象的美学价值

首先，城市品牌形象的建立和传播会大大增强城市的知名度和美誉度，它不仅反映这座城市在商业竞争社会存在的理由，更重要的是它代表了这个城市能够为全体社会成员带来的利益，对投资者则意味着投资的最大回报，从而进一步吸纳引进人才、资金和技术。

其次，良好的城市品牌形象是促进旅游业发展的关键因素。全球权威可持续旅游专家、世界旅游理事会（WTTC）首任主席杰弗里·利普曼认为，城市形象将决定旅游业的发展，而旅游业又直接关系到城市经济发展。以英国威尔士地区为例，一个多世纪以来，旅游业一直是其最重要的经济支柱之一，支撑着当地人的就业。威尔士原有传统的城市品牌形象无法适应全球旅游业发展中游客需求与消费习惯的变化。游客转而把目光投向其他城市。经过反复论证，当地政府重新确定将"在威尔士，你将找到一种对生活的热情！"作为核心来打造一系列品牌指引，统领区域内媒体，传播城市形象，突出其旅游观光胜地的特征，从而重振了经济，带动了整个地区的综合发展。

最后，城市品牌实质上是在彰显一座城市的精神。城市精神是一座城市的灵魂，是一种文明素养和道德理想的综合反映，是一种意志品格与文化特色的精确提炼，是一种生活信念与人生境界的高度升华，是城市市民认同的精神价值与共同追求。有着"东方之珠"美誉的香港，其城市品牌形象的核心价值表述为"文明进步、自由开放、安定平稳、机遇处处、追求卓越。"它强调香港有着丰富的多元文化、良好包容的社会环境，蕴藏着无限潜力和无穷机遇，鼓励创新思维。这是上百年来香港人奋斗和追求的成果，也是未来继续保持自己在国际竞争环境中得以生存和发展的精神支柱。

2.4.5　城市品牌形象塑造的关键环节

城市品牌形象和城市定位密切关联，城市定位是建立城市品牌的前提和基础。城市品牌打造的关键在于对城市精准的定位。所谓城市定位，简单地说就是挖掘城市的独有资源，找到城市的自然或者人文特点，赋予城市灵魂和管理理念。城市定位的意义就是通过一个城市独一无二的特性形成的这个城市的品牌形象。

以香港为例，其品牌定位是活力与创新的"亚洲国际都会"。这个定位是香港发展历史的积淀和文化的凝结，不仅表达了香港的区位优势,也突出了其强大的国际化服务、专业技术实力和优良的基础建设。

城市品牌定位通常包括以下3种做法:

1. 树立先进的城市理念,为城市未来的发展指明航向,如攀枝花在城市品牌LOGO中直接体现康养理念;

2. 展示城市的历史文化底蕴,帮助提升城市软实力,如杭州的城市品牌LOGO刻画了江南水乡意象;

3. 展示城市核心产业,进一步增强产业聚集性和产业品牌性,如崇礼的城市品牌LOGO,体现了冰雪产业特征(图2.4-2)。

图2.4-2 攀枝花、杭州、崇礼城市品牌LOGO

2.4.6 不同类型的城市在品牌形象塑造方面的差异

1. 嘉兴市

嘉兴市是一座具有典型江南水乡风情的国家历史文化名城。嘉兴南湖作为中国共产党的诞生地驰名中外。充分利用这些独特的旅游资源,嘉兴对旅游产品进行全新诠释和塑造,提出"红船启梦,心游嘉兴"的宣传口号,重塑城市品牌形象(图2.4-3)。"不忘初心、水乡走心、滨海随心",是嘉兴旅游的三大核心内容,从"心"出发,展现运河国际旅游休闲城市的"心"成就,昭示了国际化品质之城的梦想。

图2.4-3 嘉兴城市品牌LOGO

第二章
宏观视角下的
城市美学构建

"心游嘉兴"这个城市形象宣传口号从不忘初心、传承红船精神的理念出发，打造了一个打动人心、独一无二的全域品牌。LOGO提取船体造型元素（图2.4-4），一艘红船，一笔定型，看似轻巧，却是大胆创新的尝试。它是水乡古桥的倒影和江南屋檐的波漾，也是蜿蜒流淌的大运河和钱江潮奔腾的大浪，更是一张张快乐笑脸……图形蕴含的元素，折射出城市独具特色的历史文化和自然风光，以及活力创新的城市精神，承载着嘉兴未来的无限可能。

嘉兴城市品牌形象建设在"红船"这套有记忆点的标志形象基础上，又延展到城市的各个有机系统，涉及文创、工业产品、城市设施等各方面（图2.4-5）。新LOGO被应用到VI系统、对外营销、旅游

图2.4-4　嘉兴城市品牌LOGO船体造型

图2.4-5　品牌延伸

公共服务空间等方面，通过讲好城市故事，传承红色精神，让游客全程感受嘉兴城市品牌形象带来的全新视觉体验。

2．广州市

广州是广府文化的发祥地。作为粤港澳大湾区、泛珠江三角洲经济区的中心城市以及"一带一路"的枢纽城市，广州一直是中国对外贸易的重要港口城市，是海上丝绸之路的起点，在建筑、艺术、饮食、园林、民俗等文化领域，都表现出悠久的历史渊源和鲜明的地域个性。

广州城市品牌形象图形由"广州"二字组合成广州塔图形，具有很高的辨识度。高度凝练的图案形象地再现了珠江上百舸争流的船帆和追逐浪花的飞鸟，呈现出千年商都海纳百川、生机勃勃的繁荣景象。LOGO左边的曲线有四种颜色，分别代表春夏秋冬四季（图2.4-6）。拼音字母"O"的颜色与其他不同，它随着上方主图案颜色而变化，代表着开放（Open）和原创（Original）。

设计者认为，包容性、多元化是广州突出的文化特征，要充分利

图2.4-6　广州城市品牌新LOGO

用视觉手段去表现这种特有气质与魅力，同时要得到市民在情感和内容方面的广泛共鸣，从而产生对审美与形式层面的认同。

3．泸州市

提起泸州，首先萦绕在脑海中的就是浓郁飘香的酒曲味。这座拥有两千多年历史，基因里自带酒香的城市，当城市的自然造化和人文精神融入一杯酒时，便注定了这座城市炽热、豪爽、奔放的浓香底色。

2018年，泸州被授予"中国酒城"的称号，同年启用了新的城市品牌形象宣传语："中国酒城·醉美泸州，一座酿造幸福的城市"（图2.4-7）。这一新的定位，以更立体、更独特的城市形象展现在世人面前，同时延续了公众对泸州城市的审美认知，有利于形成广泛共鸣，高段位推动了城市品牌建设与传播。

泸州的城市形象标识设计颇有自己的特点，它摒弃了以酒器为原型的常规思路，独具匠心的以"中国酒城"四字的部分笔划拼搭出"泸"字，通过借鉴中国古老的篆刻艺术手法反白凸显，整体标识构思精巧，造型古朴大气，既契合了泸州的城市定位，又彰显了厚重的城市底蕴。酒以城名，城以酒兴，泸州与泸州酒也将从一方水土走向更加广阔的天地，向世界讲述中国酒城的美好故事。

图2.4-7　泸州城市形象标识设计

4. 蒲江县

蒲江县隶属于四川省成都市，地处成都、眉山、雅安交汇处，是成渝地区双城经济圈发展的重要节点。"江以草为名，县以江为名"，有着"千年古县"之称的蒲江县生态资源优良，境内森林覆盖率高达67.04%，是全国生态文明建设示范县。

蒲江城市品牌形象LOGO的设计（图2.4-8），源于对蒲江历史文化的传承和城市精神的塑造，力图展现美丽蒲江的独特魅力和高质量绿色发展的新形象，塑造蒲江县美丽宜居公园城市的新品牌。

图2.4-8　蒲江城市品牌LOGO

标识取"蒲"字形为底样，整体图案由向四方无限延伸的脉络线条组成，象征着四通八达的交通和阡陌纵横的田园，彰显了蒲江的区位和生态优势。图形采用绿色和橙色作为主色调，绿色寓意生态根基，橙色代表着产业的蓬勃发展。标识紧密结合蒲江的发展战略，体现了坚持生态绿脉、拓展产业动脉、凝聚城市心脉的城市精神。

向下进一步延伸，标识产生了四个子系统（图2.4-9），分别代

图2.4-9　标识在各行各业的应用

表不同的行业，通过色彩的变化，让形象既统一又各具特色。目前，标识被广泛应用在办公系统、企业产品包装、公共场所等方面。各类印有蒲江城市品牌标识的产品，通过参与城市营销及文化传播活动被使用和流通，极大地增加了曝光率，让更多人通过标识知道了蒲江，了解了蒲江文化。

5. 深圳龙华区

龙华区地处深圳市地理中心，区位交通优势得天独厚，与香港、广州形成"半小时生活圈"。区域环山抱水，生态环境优美，是国家生态文明建设示范区。龙华作为移民城市区域，也是深圳市产业大区、数字经济先行区、创新之城，是人们奋斗和圆梦的地方。

其公共品牌形象正是以"数字龙华，都市核心"为创意出发点，集中体现了龙华的产业特点，区位优势和敢闯敢试的奋斗姿态。

LOGO图形设计理念结合了中国传统的"一生二，二生三，三生万物"的宇宙生成论，以城市中轴为起点，数字为弦，核心为圈，整体造型由内而外，用四个同心圆（两个四分之一圆和两个半圆）盘旋而上嵌套而成，勾勒出了龙华区"一圈一区三廊"的区域发展格局。LOGO整体造型以数字相连、环环相扣，展现了龙华以数字化发展为核心的城市战略，表达了龙华成为数字发展龙头的发展蓝图（图2.4-10）。

LOGO全面塑造了国际化形象IP体系，更好地展示了龙华的公共形象，提升了区域影响力，成为龙华城市靓丽的"名片"（图2.4-11）。

图2.4-10　深圳龙华LOGO创意

图2.4-11　深圳龙华LOGO

第三章

中观视角下的城市空间美学实践

古今中外，苏州的水乡小镇、北京的古韵胡同、上海的热闹里弄、意大利的中古小镇、巴黎和伦敦的繁荣大都市等，都是由充满活力的街道、广场和城市公共绿地等多种公共空间组成的一个和谐的有机体。

[3.1]
街道中的城市空间美

从清晨余晖的街边树影到夜幕降临的灯火幢幢，从童声欢笑的街角到琳琅满目的商店……街巷中总有着让人难以忘却的生活场景，或喧嚣或静谧，或古朴或现代。正是这些人间烟火气赋予了城市独特的美学韵味。

3.1.1　关于街道美学

街道是集人行与车行、交通与社区功能于一体的复合型空间，也被理解为由两侧建筑合围出的、以线性空间为载体的城市审美客体。街道空间作为城市中分布最广的公共空间，包括城市主要干道、次要干道、支路及背街小巷等，是城市日常活动的载体，也是构筑城市空间美学的重要组成部分。

"当我们想到一个城市时，首先出现在脑海里的就是街道。街道有生气城市也就有生气，街道沉闷城市也就沉闷。"

——简·雅各布斯《美国大城市的死与生》

从城市发展看，街道的美学衡量更偏向于释放城市日常生活的活力，提升城市公共空间的艺术性及丰富度，同时兼具通行功能。例如中国古代区别于城市官道，街道更多地承担了社区的角色，是人们生活的一部分。比如巴塞罗那的"超级街区"（图3.1-1），行人有优于

第三章
中观视角下的
城市空间美学
实践

图3.1-1　巴塞罗那兰布拉大道和伦敦街道

汽车使用公共空间的权利，街道成为城市社交、公共活动的空间。而对于推崇"花园城市"理念的英国，城市的重心则偏向公园绿地，街道更多承载的是通行和城市形象展示的作用。例如《伦敦街道设计导则》就是从人行、车行平等的角度，创造出一个更舒适、清晰、易识别的街道空间。

3.1.2　街道品质提升是城市美学发展的重要环节

近年来，街道作为一种重要的城市公共空间越来越受到人们的关注。原有"人-车-路"的关系在道路空间内拥有了更加丰富的表现和内涵，在以人为本、交通宁静、美观性、舒适性等各方面都体现出复合型的新特征，很多城市将街道设计作为加强城市设计的首要切入点，开始探索从城市设计视角出发的街道空间设计。

一个可读的城市，它的街区、标志或者道路，应该容易认明，进而组成一个完整的形态。

——凯文·林奇《城市意象》

城市道路空间美学提升作为高品质塑造城市公共空间、有效推动和体现城市高质量发展的重要手段，其美学性、功能性和体验性越来越受到重视，在城市建设和城市更新中引发了更多的关注和思考（见表3.1-1）。

中国城市街道设计导则汇总　　　　　表3.1-1

城市等级	城市		导则名称	编制时间	编制主体	编制进程
省	云南		《云南省城市街区规划设计导则》	2017	云南省城乡规划委员办公室	完成
	山东		《山东省城市街道建设导则（试行）》	2021	山东省住房和城乡建设厅	完成
	安徽		《安徽省城市街道设计导则》	2019	安徽省住房和城乡建设厅	完成
直辖市	上海		《上海市街道设计导则》	2016	上海市规划和国土资源管理局	完成
	北京	全域	《北京街道更新治理城市设计导则》	2018	北京市城市规划设计研究院、北京市规划和国土资源管理委员会	完成
			《北京历史文化街区风貌保护与更新设计导则》	2018	北京市规划和自然资源委员会	完成
		副中心	《北京城市副中心城市设计导则——街道空间设计指引》	2018	北京市弘都城市规划建筑设计院、北京建筑大学、北京市城市规划设计研究院、中国美术学院宋建明教授参与指导	完成
		首都核心区	《北京首都核心区街道设计导则》	2017	北京建筑大学建筑学院丁奇工作室	完成
			《核心区背街小巷环境整治提升设计管理导则》	2017	北京市城市普理委员会、北京市规划和国土资源管理委员会	完成
			《核心区四横五纵等重点街道城市设计导则编制技术指引》	2018	北京市规划和国土资源管理委员会城市设计处、北京市城市管理委员会	完成
		朝阳区	《朝阳区街道设计导则》	2018	北京市规划和国土资源管理委员会朝阳分局	完成
		丰台区	《丰台区城乡街巷设计导则》	2018	北京市丰台区规划分局	完成
		东城区	《东城区"百街千巷"环境整治提升设计导则》	2017	北京市东城规划分局	完成
			《百街千巷——街道环境提升十要素设计导则》	2017	北京市东城规划分局	完成
		西城区	《北京西城街区整理城市设计导则》	2018	北京市规划和国土资源管理委员会西城分局、北京建筑大学建筑与城市规划学院	完成
		其他（试点）	《南北池子大街街道空间提升规划》	2018	北京市城市设计与城市复兴工程技术研究中心、北京市建筑设计研究院有限公司	完成

续表

城市等级	城市		导则名称	编制时间	编制主体	编制进程
省会城市	南京	全域	《南京市街道设计导则》	2017	南京市规划局	完成
		秦淮区	《南京秦淮区街道设计导则》	2018	上海市城市规划设计研究院	完成
	武汉	全域	《武汉市街道全要素规划设计导则》	2019	武汉市自然资源和规划局	完成
		其他	《武汉光谷中心城街道设计指引》	2020	美国SOM建筑设计事务所	完成
	长沙		《长沙市城市道路形象提升设计导则》	2016	长沙市住房和城乡建设委员会	完成
	成都	全域	《成都市公园城市街道一体化设计导则》	2019	成都市规划和自然资源局、成都市规划设计研究院、成都市天府公园城市研究院、成都市市政工程设计研究院	完成
		中心城区	《成都市中心城区特色风貌街道规划建设技术导则》	2018	成都市城乡建设委员会、成都市规划管理局	完成
	昆明		《昆明市街道设计导则》	2017	昆明市规划局	完成
	广州		《广州市城市道路全要素设计手册》	2017	广州市住房及城乡建设委员会、广州市城市规划勘测设计研究院	完成
	郑州		《郑州街道设计导则》	2020	郑州市自然资源和规划局	完成
	南宁		《南宁市城市背街小巷综合整治提升设计导则（试行）》	2022	南宁市住房和城乡建设局	完成
	沈阳		《沈阳市街道设计指导意见》	2021	沈阳市城乡建设局	完成
	西安		《西安市街道设计通则》	2020	西安市自然资源和规划局	完成
计划单列市	厦门		《厦门市街道设计导则》	2018	厦门市规划委员会、上海市城市规划设计研究院	完成
	深圳	全域	《深圳市打造美好街区设计指引》	2021	深圳市城市管理和综合执法局	完成
		罗湖区	《深圳市罗湖区完整街道设计导则》	2018	深圳市罗湖区城市管理局、深圳市城市交通规划设计研究中心	完成
		福田区	《深圳市福田区街道设计导则》	2020	深圳市福田区人民政府、深圳市城市交通规划设计研究中心有限公司	完成
	青岛		《青岛市街道设计导则》	2020	青岛市自然资源和规划局、青岛市城市规划设计研究院完成	完成
	宁波		《宁波市街道设计导则》	2018	宁波市规划设计研究院	完成

续表

城市等级	城市	导则名称	编制时间	编制主体	编制进程
地级市	苏州	《苏州市街道设计导则》	2020	深圳市城市交通规划设计研究中心股份有限公司	完成
		《"美丽街区"设计导则》	2022	苏州市城市管理局	正在编制
	佛山	《佛山市街道设计导则》	2019	佛山市国土资源和城乡规划局	完成
	玉溪	《玉溪市中心城区精致街道设计导则》	2018	玉溪市规划局、浙江大学城乡规划设计研究院有限公司	完成
	温州	《温州街道设计导则》	2018	温州市自然资源和规划局	完成
	绍兴 上虞区	《上虞区街道设计专项规划及导则》	2018	上海市城市规划设计研究院	完成
	株洲	《株洲市街道设计导则》	2017	世界资源研究所（美国）北京代表处	完成
	保定	《雄安新区完整街道设计导则》	2020	河北雄安新区管理委员会规划建设局	完成
		《雄安新区美丽街道集成设计和建造导则》	2022	河北雄安新区管理委员会规划建设局、上海城市规划设计研究院	完成

3.1.3 构建街道美学的核心要素

从使用者角度出发，街道的美学构建应在保障基础功能之上，综合考虑行人和车辆在不同通行速度下的审美感受，满足良好的公共活动需求与精神文化体验。

同时，舒适恰当的围合感，贴近实地的渗透性，灵动适度的多样性，符合人体工学的尺度等，都是构建街道美学的核心要素（图3.1-2）。

1. 一体化视觉观感

城市街道视觉界面是设施、空间的综合体，由各元素相互影响，相互联系构成。主要包括了路面、沿街建筑、绿化设施、环境设施、空间照明、过渡空间等（图3.1-3）。

第三章
中观视角下的
城市空间美学
实践

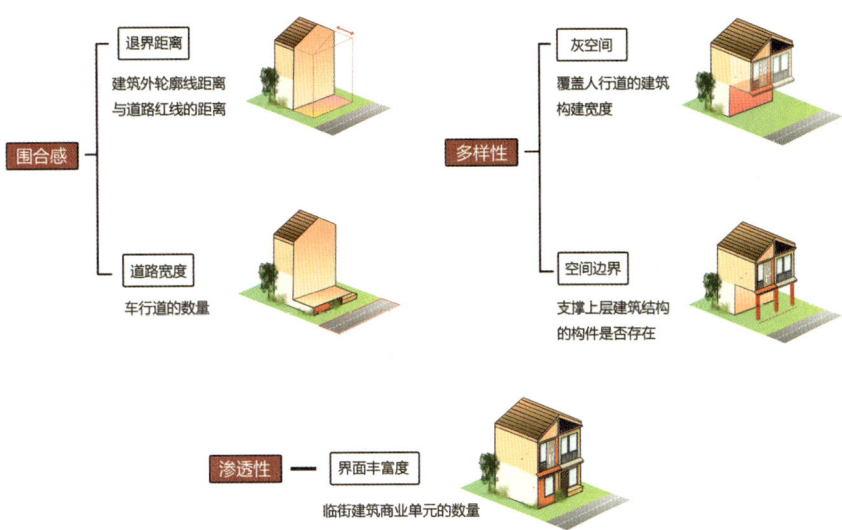

图3.1-2 街道空间品质维度要素

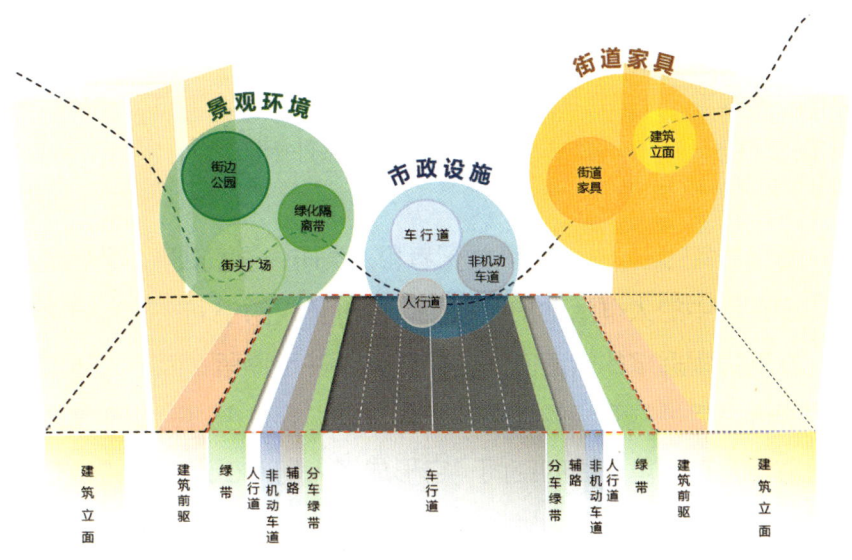

图3.1-3 视觉一体化设计

2．适宜通行及活动的空间尺度

在街道的设计建设中，其两侧建筑高度与街道的宽度应在一定比例范围内，以适应不同功能需求的场景，营造舒适、美观的公共活动空间（图3.1-4）。

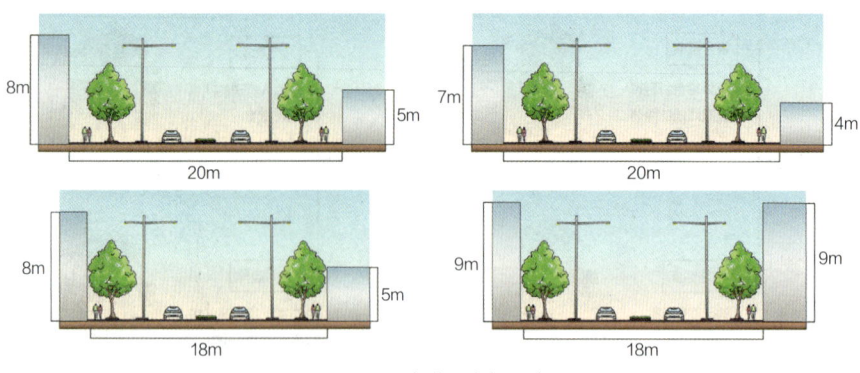

图3.1-4 街道的空间尺度

3. 营造独特丰富的体验感,提升社群活力

作为城市最具活力的地段,街道在美学设计上要兼顾功能与审美,人性化与艺术化,充分考虑通行便利性、生活舒适性、景观亲和性和街道空间识别性。一条适合所在地人群物质文化基础,形态丰富多样、环境景观良好、配套设施完善的街道,会为人的行为活动提供更多的可能性,从而吸引更广泛的人流,提升街道活力。

美国著名的社会学家、新闻记者和人类研究学家威廉·怀特通过对街道空间中的人群活动拍照取证,分析了人的空间需求和行为特征,发现热闹拥挤的街道空间容易吸引人驻足停留,而行人更愿意在边界清晰且视野开阔的地方休息。当人们穿过街道时能观赏到由建筑立面及其环境构建的空间,它形成了人们对街道空间的认知和记忆。

3.1.4 不同类型街道的美学实践

从街道特质和主要承载功能看,景观品质、生活服务、空间活力三种元素主导着街道的美学体验,不同类型的街道设计手法各有不同。在城市发展和演进的过程中,街道的景观、风貌也会发生相应的变化,无论出于城市发展的自身需要,还是满足人们对街道景观的客观需求,城市街道景观都需要不断更新、完善。

第三章
中观视角下的
城市空间美学
实践

景观休闲类街道——青岛秦岭路

位于黄海之滨的青岛市崂山区，拥有独特的山海地缘风貌和历史人文底蕴，海岸线长达90多千米。域内崂山风景区作为驰名中外的道教文化胜地，是游客来青岛旅游的主要目的地之一，唐代大诗人李白曾经留下了"我昔东海上，劳山餐紫霞"的千古名句。

秦岭路改造提升路段（银川东路-海口路）位于崂山区中心城区，全长约1645m，两侧商业、办公网点密集。此次秦岭路视觉一体化改造通过城市美学的探索和实践，通过重塑区域形象，全面提高了街区环境品质，激发了空间活力，打造出更有幸福感的山海品质新城区。

改造因地制宜，把整条街的功能区域重新整合，划分为休闲、金融、滨海三段。针对不同的区域特点，匹配相应的特色设计，在保证功能性的前提下，全面提升街区整体景观效果。

1. 提升城市颜值

（1）挖掘地域基因色，展现区域独特的城市风貌，形成城市持久的核心竞争力

城市色彩需要综合考虑地域自然资源与人文资源，深入了解当地传统用色习惯，在强调地域特色和挖掘文化内涵的基础上，构建出一个有代表性的色彩体系。一个城市的色彩，是地域特色最直观的体现。色彩是城市的霓裳，特色鲜明、和谐悦目的城市色彩，不仅是城市文化最直接、具体的体现，更是一个城市独有个性、气质、风貌和精神的体现。

作为滨海城市，蓝色自古便是居住在海边的人们所钟爱的颜色。澄澈的蓝色、纯洁的白色通过简洁的组合，与周围的海景融为一体，并结合标识系统、景观小品、路灯、地面铺装图案等，使街道视觉效

果协调统一，与城市整体风貌紧密相连的同时又彰显特色，形成了秦岭路独有的色彩记忆（图3.1-5）。

图3.1-5　青岛城市基因色

（2）将特色符号和元素融入城市整体形象，打造区域文化品牌

塑造良好的城市品牌形象，不仅可以提高城市的知名度和美誉度，增强城市的影响力和竞争力，提高市民对城市的归属感、自豪感，更重要的是它所带来的聚集效益、规模效益和辐射效益能为城市吸纳引进人才、资金和技术；同时，良好的城市品牌形象是促进旅游业发展的关键因素。在城市更新的过程中，要遵循美学准则，根据不同地域的场地情况、历史演化、人文风情和精神诉求，形成独具审美情趣、形式语言和区域个性的城市品牌形象（图3.1-6）。

图3.1-6　秦岭路品牌形象

（3）不同造型、不同形态的构筑物带动原有空间的景观优化

秦岭路美学提升项目通过构筑物深度参与场景美学构建，转变了传统公共空间的使用体验感，促进人气聚集，实现街区宜居、宜业、宜游的目标。整体构筑形态紧扣青岛城市特色，设计提取海洋元素，融入鱼群、海浪、水纹、贝壳等形态特征。比如，艺术屏幕模拟鱼群运动，海水波纹和景观墙、景观灯相融合，具有海浪韵律感的街道护栏，贝壳造型的休憩廊架等各具特色又和谐统一的街区景观，极大地提升了所在地居民的生活品质和游客的旅游综合体验（图3.1-7）。

图3.1-7　秦岭路美学提升效果图

2. 提升城市温度

城市是人民的城市，无形的人文关怀和文化涵养丰富了城市美学的内涵。城市更新向美而行的最终目标是提升居民的获得感、归属感和认同感。这也是"人民城市为人民"的内在要求。秦岭路设计遵循了"以人民为中心"的基本理念，在这里，科技与人性化设计让街区变得更有温度，现代智慧的城市家具为居民和游客提供了便捷舒适的出行体验。

（1）设施安全、集约、智慧

秦岭路美学提升是对道路杆件设施进行了统一的智慧化设计，实现了多杆合一。以市政路灯为载体，将信号灯、指示牌、电子监控等设施集于一体，有效地解决了道路杆件林立和重复开挖建设的问题。改造后，杆件比原来减少约60%，节约资金的同时，行人通行空间得到了扩展，行车视线也更加通透。同时灯杆的一体化设计也使街区界面得到进一步的美化。现在走在秦岭路上，道路杆件本身也是一件艺术品（图3.1-8）。

（2）设施设计以人为本，方便使用，温暖人心

城市更新是对城市整体生活环境和区域价值的改变、提升。公交站点接入Wi-Fi网络，座椅增加充电功能，甚至在车站打造了竞速单车健身设施，增添了城市家具的互动性和趣味性。人们通过连通电子屏幕，等车间隙就能来一场激烈的互动竞赛。

走在秦岭路上，人行道上每隔几百米就有一处休息区，可能是几个造型别致的小木凳，也可能是一组座椅休息区，还可以是月亮形状的秋千，总之在这里游游逛逛是不会感觉到累的（图3.1-9）。

图3.1-8　秦岭路道路杆一体化设计　　　　图3.1-9　建设设施和休息互动空间

（3）打造无界景观，让美学理想在街区进一步升华

秦岭路美学提升项目通过拆墙透绿，增设半封闭式景观长廊等手法，用无界景观的理念，让自然融入街区，使人们在步履匆匆中停一下，慢一些。

设计对部分区域进行空间抽疏处理，抽离部分树木，降低对街区建筑立面的遮挡。在水杉林区域保持现有乔木现状的基础上增加林下空间和步行通道，将人行空间与绿化区域融合，削弱商业与人行界线，结合地面铺装和绿化，营造绿化空间氛围感。途中的休憩座

图3.1-10　自然景观融入街区

椅、娱乐设施等进一步提高了步行舒适度，增强了行人的漫游体验（图3.1-10）。

3. 提升城市活力

走在秦岭路上，随处可以看到"遇见·秦岭路"的字样。崂山区以"遇见·秦岭路"为主题，通过视觉一体化提升改造，打造成具有沿海特色与现代活力的高品质网红街区。改造后的秦岭路通过营造空间环境、聚集文创产业、引爆网红经济等方式提升了道路全域的品质感与活跃度。

结合年轻人偏好，秦岭路开办各类主题市集，让艺术走进生活，带来更广泛的城市社交，衍生出街区到艺术再到美好生活的场景。现在的秦岭路很迷人，它不仅是一条路，更代表了一种街区时尚潮流的生活方式（图3.1-11）。这里拥有潮人、玩家、潮牌、各地的网红好物，通过集中展示，挖掘崂山本土创意企业和人才，利用文旅结合联动，推动区域文化产业提质升级。同时借力美学更新，支持周边商户和市集合作，鼓励当地的合作社、家庭农场、企业以及大学生返乡创业者参加，在全区范围内进一步提升营商氛围，增加街区活力。

　　夜幕降临，华灯初上，秦岭路又是另一番景象：灯光和热闹的市集给街区增添了浓浓的烟火味道。设计者通过空间场域规划与灯光视觉艺术的表达，调动和刺激市民的感官。其中，舒适的色调和明暗的对比，更营造出梦幻、科技、充满想象力的超现实主义氛围。

图3.1-11　秦岭路集市

第三章 中观视角下的城市空间美学实践

4. 提升城市品位

城市品位是一个美学概念，是人们对这个城市外在形象和文化内涵、硬件设施和软件设施在印象感受上的一种综合判断。美学对城市的影响是方方面面的，包括城市的规划结构、建筑形态、景观绿化、夜景照明、色彩风貌、城市设施、城市管理等。城市的美学态度和审美情趣，体现着一座城市的文明程度和品质高低，让城市形成自己的美学风格，在赏心悦目中提升城市品位和魅力，是城市高质量发展过程中的重要任务之一。

秦岭路美学提升项目通过艺术化处理方式，使海浪、海鸟等自然声音和音乐融合，让漫步街道的人仿佛进入了微型音乐厅。在这里，音乐成为雅俗共赏的语言，成为日常生活的一部分。另外，裸眼3D电子屏幕、转动的异形LED显示屏双环……只要留意，就能在秦岭路找到各种充满设计巧思的惊喜。小到一个垃圾桶、一盏路灯，大到建筑外形、街区景观，设计以"润物细无声"的方式，消解了和公众之间的边界与隔阂，让美成为街区发展、创新的推动力。在这里，美学和艺术不再是遥不可及的阳春白雪，它们与生活交融共生，在无声处改变着人们的行为习惯，进而影响城市的面貌和品格。

生活服务街道——六安文苑巷

古往今来，街道承载了中国城镇的烟火繁华，也是地域特质与审美的人文显相。文苑巷位于安徽省六安市，全长约270m，"藏身"在文华路与皋城大桥北侧之间，前身为工厂家属区（图3.1-12）。作为六安的背街小巷、生活街区，其面貌的不断变化也是中国城镇发展的缩影。

改造前的文苑巷因地缘问题，排污沟裸露、穿巷而过，加上沿街随意摆摊，嘈杂拥堵、"蝇来蚊往"，居民生活环境恶劣。道路功能不完善，街区公共空间缺乏活动场地及设施。夜间光线昏暗，出行安

第三章
中观视角下的
城市空间美学
实践

图3.1-12 区位图

全得不到保障。建筑墙面破败不堪、新旧交杂，街区绿化、城市家具维护不到位，视觉界面现状比较差（图3.1-13）。

改造提升以"共享街巷过去与未来"为出发点和落脚点，全面实现街区美学复兴。

图3.1-13 文苑巷改造前街景的日与夜

1. 打造文苑景墙，寻找街巷记忆

项目通过改善排污系统，解决排水污染的问题，以立体造景手法，将过去污染严重居民不愿靠近的斜土墙改造为"四季民居墙景"。墙景门窗结构巧妙地将街区老照片与现代生活艺术插画虚实相映地展现出来，再现了当地不同历史时期居民的生活场景，形成穿越时空的对话。夜晚，墙面门窗的照明光仿佛掩映的万家灯火，为行人提供照明的同时，形成温馨舒适的街道氛围，实现了艺术性与烟火气的交融（图3.1-14）。

图3.1-14 排污渠墙面改造后"四季民居墙景"

2. 传承民居风韵，打造文化皋城

兴纺亭南侧、西侧围墙，彩绘了"文苑巷"路名标识与属地文化中皋陶、神兽獬豸衍生的彩绘卡通形象，成为街区的门户景观，传递出皋陶文化中"五教""五礼""五刑""九德""九族"的精神特质（图3.1-15）。

市场建筑的山墙被改造成经典的封火山墙，通过增加高度遮挡蓝色彩钢瓦屋面，与市场入口改造提升后的特色民居式大门形成一体化的视觉界面。后续路段以整墙彩绘的方式延续当地传统民居建筑与山

图3.1-15 文苑巷卡通形象路名标识

水意象。针对街巷的商业店面，设计将灰檐白墙的当地传统建筑语言与现代街区风格结合，形成相互呼应的视觉效果。在细节设计上，通过跨店雨棚将过去高度不一的店面招牌进行规整，雨棚一侧设置的"安"字招幌灯箱和立面白墙的獬豸彩绘形象，在点滴间将六安的属地特色与城市印记表露无遗。

3．促进场地生长，焕发活力

金桥幼儿园外的场地经过重新布局，增加了活动广场面积。休闲廊架提取旧工厂元素，以自然生长的形态在场地中"流动"。顶部玻璃材质中多彩渐变的纺织纹理在日夜的不同光线下异彩纷呈，提升空间美感，增强了场地辨识度和记忆点。白色展板以时间轴的形式展示文苑巷不同时期的历史面貌，延绵的座凳设计提供休憩场所，为周边居民营造更多互动空间（图3.1-16）。

4．规划U形空间，便民停车

经过空间合理划分，文苑巷幼儿园外停车场地采用U形空间布局，设置非机动车停车棚，有效增加了车位数量，改善停车条件（图3.1-17）。

另外，在停车场入口空间采用绿地标识设计，美化了街区生态景

图3.1-16　文苑巷幼儿园街巷文史连廊

图3.1-17　文苑巷街区景观

观，强调了街区文化属性。彩绘卡通獬豸的车止球，与幼儿园的场地属性相得益彰。

5. 连接人行通道，保障安全出行

通过精准测绘，设计在保证机动车双向通行宽度的前提下，在北部合理划分了双向人行道，南侧也保证能满足单侧人行道的空间需求。另外，设计通过适度提高人行道立道牙，避免机动车乱停放，保证了通行顺畅度和安全性。

6. 打破封闭界面，开放街区门户

文苑巷入口打破了原有封闭界面，通过台阶连接两侧道路，门户标识结合原有停车信息牌，融入纺织装饰元素，提高识别度，建立与周边街道的立体通联。

7. 设施美化，助力街区特色提升

在文苑巷，小到垃圾桶、标识，大到电箱、门户立牌，都将徽派造型风格及元素融入装饰设计，凸显街区文化基因（图3.1-18）。

图3.1-18 文苑巷·门户标识与设施美化提升

8. 明亮灯光，设计温暖街区

夜色下，改造后的文苑巷增设的功能照明与景观照明融合辉映，增加了夜晚出行与休闲活动的安全度，将街区渲染得更加温馨，提升了夜间活力，彻底告别了"暗巷"寻光的过往（图3.1-19）。

图3.1-19 文苑巷改造后夜景

[3.2] 历史街区的美学复兴

从时间维度来看，城市是动态发展的，建筑、景观等更像是历史凝固而成的艺术品。历史街区的文物古迹比较集中，能较完整地体现出某一历史时期传统风貌和民族地方特色的街区。它也是展现城市特色文化、传承历史记忆、实现美学复兴的重要载体。

3.2.1 历史街区的发展和保护

城市美学的形成离不开城市文化的发展，城市文化的形成有赖于历史的沉淀，其中历史街区、历史建筑的延续与发展尤为重要。我国在1985年首次提出历史文化街区概念，并逐步形成了相关的法定原则。历史街区的美学保护与开发，已成为城市发展的重要议题。

1. 原真性

这类空间场域为切实存在并保留下来的历史遗迹，能否完整反映过去一段历史时期的建筑及民俗文化风貌是衡量其价值的重要标准。

2. 象征影响力

历史街区对于人们建立文化认同感、延续与某个特定场所或个人的记忆都具有现实意义。其美学也体现在获得广泛审美主体认同与共鸣的基础上，不符合时代审美的空间、风貌，往往容易被忽视和改变。

3. 历史独特性

具有物质及功能两种尺度。有学者对历史街区的保护给出了两个定义：一是检验自然或人文资源的耗费速度；二是检验人为资源，如建筑的废弃程度。例如上海1933老场房，作为曾经的屠宰场，具备功能上的独特性和历史风貌的集中性，在空间结构和建筑特性上，集中体现了民国时期中西交融的特色风格。

3.2.2 历史街区美学构建的原则

目前，我国的城市正处于重要的转型时期，城市更新正在全国范围展开，一些城市缺乏保护发展的意识，导致了部分历史街区出现结构性、功能性以及物质性衰退，原有的风貌、建筑特色正在逐渐丢失。历史街区的美学构建在整体上应遵循新旧文化交融发展原则、尺度适宜原则、景观多样化原则、多元文脉并置的原则。

1. 新旧文化交融发展原则

历史街区的美学构建建立在新旧视觉界面共生的基础上。随着时间流逝，历史街区面临着物质环境衰退、空间结构瓦解、文化底蕴流失等问题，单纯地保护老旧建筑，无法使其长久留存、振兴。具有功能性的历史街区如何复兴成为城市建设与城市更新中急需解决的问题。通过原有功能多样性留存与重构，促进新旧文化交融发展，是历史街区美学再造的重点（图3.2-1）。

图3.2-1 成都宽窄巷子

2. 尺度适宜原则

公共空间更新设计强调人的重要性，人的心理和生理需求是设计的基础，正如《雅典宪章》所提到的，对人的需求的准确把握是一切建设性工作成功的关键。街区内的公共空间设计在满足基本使用功能的前提下，还应该注重对人的环境心理和行为特征的关注，强调人与人、人与环境的双向互动，从而营造更为积极的空间氛围；同时，还应注意细节上的设计，无论是街道边的长椅，还是广场上的铺装，都应该围绕人的审美、尺度、趣味设计。一个成功的设计应该是让人感到舒适，尺度适宜，且富有趣味的，这也是环境设计的基本原则。

3. 景观多样化原则

历史街区的景观环境多样性是城市发展的趋势，比如增加街巷道路绿植的数量和种类，丰富街区的公园景观节点，有条件的可以营造街区水景广场等。不论在任何地区，丰富有趣味的环境总是受到人们的欢迎，活跃周围乃至整个社区的氛围，同时也有助于人们对特定的场所环境形成一个清晰的记忆，使城市具有"可读性"。

4. 多元文脉并置原则

避免对历史建筑的刻意模仿和复制，强调建筑自身美学的完整性和时代性，这种思想看似与尊重地域文化的原则相矛盾，实则是为了传统文化更好的延续和发展。今天，在传统建筑受到城市建设和城市更新影响的情况下，应尽量避免造成传统文化与现代文化的割裂。同时，新的建筑或空间不应一味复制过去的历史和文脉，不考虑当下的时代背景和社会需求。历史街区局部的翻新和重建需要在新老建筑间形成良好的平衡关系，使历史街区渐进式地向现代社会靠拢与接轨。文脉并置需要建立在对历史文化尊重的基础上，这种尊重体现在空间环境和建筑实体两个方面。在空间环境上，新建建筑应该对原有建筑有一定退让，同时在形式上融入部分传统元素，实现街区整体风格的统一。

3.2.3 美学构建实践案例

根据历史文化街区的具体用地性质和保护与更新的发展方向，将其分为居住型历史街区、商业型历史街区、产业型历史街区。

1. 居住型历史街区——南锣鼓巷雨儿胡同

与其他类型的历史街区比较而言，居住型历史街区在物质空间方面，规模较大、建筑风貌更具整体性且较为单一，外部空间的街道尺度具有宜居特点。但大多存在产权关系复杂，功能及视觉界面老旧等问题，以致在城市更新改造过程中，容易出现街区历史文化与美学价值流失的情况。

20世纪80年代，由于居住环境和基础设施等一系列问题，胡同被列入北京危旧房改造项目中，吴良镛先生通过"有机更新"的理论，对胡同改造进行了成功的实践。该理论强调城市内部之间如同生物体一样是有机联系的，在保留城市原有空间结构的基础上，更好地延续历史文脉，更好地适应城市环境，提升老旧居住区的美学价值，提高城市品质，推动城市不断更新发展。

南锣鼓巷作为北京首批历史文化街区，位于北京北中轴东侧，是唯一完整保存着元代胡同院落肌理且规模最大、品级最高、文化资源最丰富的棋盘式传统民居区。其中，雨儿胡同位于南锣鼓巷西南部，有许多旧时官衙办公、名人故居等，是时代发展、千年历史沉淀的见证者。

历经更新发展后，南锣鼓巷成为北京胡同文化的代表，吸引了全球目光。雨儿胡同因独具代表性的历史文化、城市美学价值，国家领导人及各国曾来走访考察与参观调研，被评为"北京十大最美街巷"之一。

第三章
中观视角下的
城市空间美学
实践

在雨儿胡同的更新改造中，提出的"共生院模式"，包含建筑共生、居民共生和文化共生三层含义。从美学上看，建筑上保留青砖、灰瓦、红门、绿格窗等色彩及立面特征（图3.2-2），实现建筑风格、元素、技术材料的新旧共生，在提升建筑风貌的同时完善街道功能设施；在人员腾退流动间，"一院一方案，一户一设计"，雨儿胡同重新规划街道空间，交通整治、街巷"微花园"使居民生活空间温馨舒适，精细化、个性化设计保障原居民和新居民间的和谐共生；另外，在传承老城四合院文化的同时也注入新的文化活力，在腾空院落或房屋中引入图书馆、文化创意产业等新业态，实现文化共生。

在片区风貌提升上，例如院落公共空间改造中，在拆除违建、提升院落环境，补充缺失功能的同时，注重保留院落历史文化元素并融入设计。

通过拆除违建恢复院落传统格局，适当增加绿化区域，不适合种植的区域以盆栽或廊架装饰（图3.2-3）。结合院落居住现状及未来发展定位，合理规划院落功能分区，完善晾晒、非机动车停放等缺失功能。

在社会关系及文化提升上，将雨儿胡同30号院剩余的腾空房屋设置成为社区公共服务空间（图3.2-4），为社区居民提供更加优质的社区公共生活体验，提升居民的社区认同感、归属感和凝聚力。

图3.2-2 雨儿胡同30号院

图3.2-3 雨儿胡同入口处绿化

105

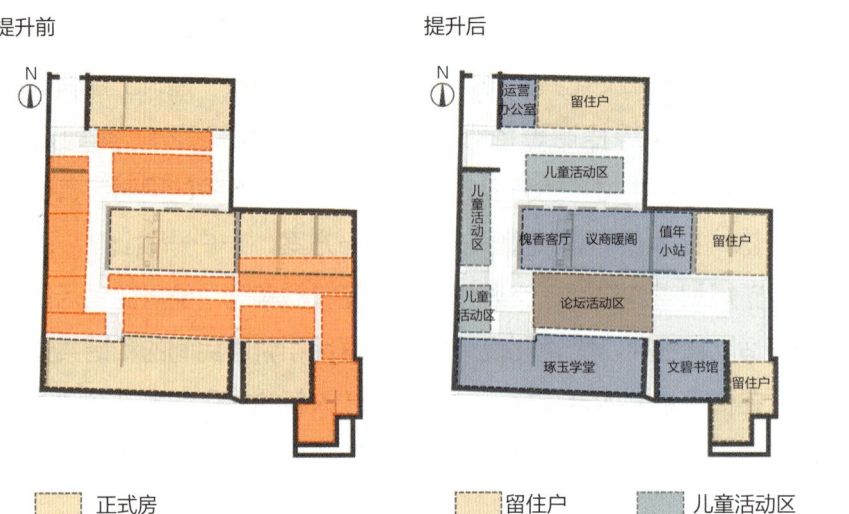

图3.2-4 雨儿胡同30号院提升前后功能对比

2. 商业型历史街区——南头古城

商业型历史街区往往位于城市生活和经济的核心地段。在城镇化快速发展的今天，商业型历史街区仍然承担着生活、经济、文化、休闲等功能性作用。其新旧结合度高，整体形象大多维持原真性，但也产生了商铺、构建物等风貌要素凌乱、文化符号杂糅等问题。

南头古城位于深圳市南山区，是一座以历史为基底，包容多元文化的城市创意街区。其始建于东晋年间，距今将近1700年历史，是历代岭南沿海地区的行政管理中心、海防要塞、海上交通和对外贸易的集散地，也是粤港澳大湾区的历史文化源头之一。

整体看，随着深圳这座城市的快速发展，南头古城保留了少部分清末民初的文物建筑，大部分现代建筑以20世纪80年代水刷石材料建筑为主，呈现出各个历史时期建筑相互交织、共生融合的风貌（图3.2-5）。为能够充分发挥古城的区域影响力，满足市民的需求和期待，南头古城的整体改造从尊重历史原真性出发，对建筑风貌重新梳理，有机保留了各个年代的文化层积和历史记忆。大到建筑界面，小到地面、井盖、指示路牌，都做到了精细化设计，艺术化处理。

第三章
中观视角下的
城市空间美学
实践

图3.2-5　岭南风格与现代风格建筑立面

　　建筑立面改造方面，南头古城结合原有建筑的现状和结构特点，分别给出了针对性的提升手法。首先，强调新旧材料与新旧元素的对话，通过控制现代材料的选择和应用比例，还原岭南广府民居，营造历史文化街区氛围，在近人尺度以传统材料和传统元素为主，老建筑保护性开发、新建筑特色性提升。其次，对不同年代的立面采取不同的手法：部分建筑以原瓷砖为基色，重新覆盖新表皮；部分在保留水刷石墙面的基础上重新整理门窗；整体上以营造历史文化风韵、保留鲜活多样的历史记忆与街巷风情为原则（见图3.2-6）。

　　为了使改造的效果能与古城的历史记忆做到最大程度的交融，材料色彩上使用了大量与古城气质相吻合，与原生材料贴近的色彩。琉

图3.2-6　金属风排水管、导视艺术化改造

107

璃花格砖、水刷石材料、浅色的干挂墙板、浅灰色主墙和青灰色砖竹木，通过还原传统建筑风貌，串联整段街区的调性。利用造型的大小、色彩的简繁、材料的新旧对比，使古今建筑在统一中又有碰撞（图3.2-7）。

图3.2-7　琉璃花格砖院墙设计

户外广告与招牌作为影响商业街区视觉界面的一大要素，已经成为城市管理部门的重要工作之一。如何避免"千街一面"与设置过度这两个常见问题，已成为当下管理者、商家以及规划设计人员共同研究的课题。进入南头古城会发现，其户外广告招牌的设置不全是古城传统风格，而是根据商户定位、周边环境、建筑及立面特色，兼具传统、现代、未来、艺术等风格，形成了古今融合、多元包容、烟火繁华的整体印象。具体设计中，设计师以视觉美学中精细化、个性化、艺术化为准则，户外招牌的设计按照"一街一风格""一楼一特色"进行一体化的设计，在凸显商铺品牌调性的同时更装饰了街区，形成了独具风格的空间氛围（图3.2-8）。

景观绿化方面，南头古城采取景观序列的手法进行规划设计，将单一散落的古树、古井等景观节点打造成具有仪式感、整体性的景观群。另外，在社区公共绿地设计建设上，南头古城对绿带景观、口袋公园、垂直绿化进行综合规划设计（图3.2-9）。通往光合社分岔路口设置的口袋公园,在拆除违章墙体基础上,营造了开阔可达的社交公共绿地;同时,契合山水古韵就地取材使用麻石打造休憩水景,保持街区景观的整体性与融合性。

图3.2-8 个性化、艺术化的广告与招牌设计

图3.2-9 垂直绿化设计与植物盆栽、种植池

3. 产业型历史街区——吉林省长春市第一汽车制造厂历史文化街区

作为东北老工业城市,长春又被称为汽车之城。2015年4月,"长春第一汽车制造厂早期建筑"被列入第一批中国历史文化街区。

街区保护范围总用地面积约176.2公顷，街巷格局和整体风貌保存完好，维持着一汽建厂初期形成的"一侧生产、一侧生活"功能分区。现有东风大街、昆仑一路等11条历史街巷。街区内建筑共有厂房、住宅140余座，规模巨大（图3.2-10）。第一汽车制造厂街区是新中国最大的工业区及配套居住区之一，其规划手法在我国现代城市规划史中占有特殊位置。

在设计上，建筑保留着鲜明的苏联式审美特征，拥有极高的识别性，成为一汽的标志性风格。在生产区，可以看到现存厂区奠基石、一号门、早期厂房、水塔、热电厂等历史建筑，生活区内则保持着邻里单元规划理念指导下形成的街区与围合的院落（图3.2-11）。

图3.2-10　一汽制造厂老街区

图3.2-11　一汽制造厂老街区建筑

[3.3]

中央商务区的活力美

高楼林立，霓虹闪烁。在这里，有高品质的时尚街区，有开放的国际化商务氛围，有众多大品牌、大企业。CBD是城市最热闹、最时尚的区域，是青春奋斗的舞台，是城市的活力核心区。

3.3.1 中央商务区的起源与发展

1. 相关理论

中央商务区（Central Business District）最初起源于20世纪20年代的美国，意为商业汇聚之地。当时美国由于经济强大，一些学者提出"同心圆城市模型"的理论，成为中央商务区理念的雏形。经过了数十年的发展，中央商务区的理论随着城市的发展而不断完善。1933年美国社会经济学家首先提出城市多核心理论，而后被美国学者哈里斯和厄尔曼在研究多个不同职能城市的功能分布结构后，加以发展并完善，并在1945年出版的《城市本质》一书中进行了系统性的阐述，认为城市实际是由若干分离且不连续的区域所构成，各个区域都围绕着不同的核心发展，中央商务区是城市发展的经济中心和交通枢纽。20世纪50、60年代，发达国家城市中心区制造业开始外迁，而同时商务办公活动却不断向城市中心区聚集。城市需要在原有的商业中心的基础上，重新规划和建设具有一定规模的现代中央商务区。纽约的曼哈顿、巴黎的拉德芳斯、上海的浦东、香港的维多利亚港等都是发展得相当成熟的中央商务区（表3.3-1）。

2. 特征

（1）空间立体化。随着中央商务区的不断发展与演变，其规模和建设量逐渐增大，功能布局日益多元化、复合化，交通组织呈现出立体化

中国代表性CBD产业融合重点及进展　　　　　　表3.3-1

中央商务区	主要融合业态	代表性项目
北京CBD	文化金融、科技金融、互联网金融、移动传媒	北京国家广告产业园、构建支持国家文化产业创新实验区的"1+10+N"金融服务体系、文创普惠贷项目等；开展跨国公司外汇资金集中运营管理试点
上海陆家嘴CBD	互联网金融、航运金融、跨境金融合作	建立互联网新兴金融产业园暨创新孵化基地，形成航运金融市场体系
广州天河CBD	汽车金融、互联网金融、科技金融	广东省首家汽车金融机构——广汽汇理汽车金融公司、众诚汽车保险公司等汽车金融机构
深圳前海CBD	互联网金融	前海微众银行（全国首家互联网银行）
天津滨海新区CBD	跨境电子商务、商业保理、融资租赁	跨境电商综合服务平台、于家堡"环球购"、自贸区互联网金融双创基地
重庆解放碑CBD	跨境电商、互联网金融	与两路寸滩保税港区共建"爱购保税"平台
银川阅海湾CBD	跨境电子商务以及O2O的销售模式	实施"宁夏保税国际商品展销中心（全球汇）"和"金融中心"两大招商项目
宁波南部CBD	广告设计创意、互联网广告	国家级广告产业园，打造广告设计创意、互联网广告及都市时尚剧拍摄三大基地
南京河西CBD	新型金融（股权基金、资租赁、金融租赁、商业保理等）	江苏省现代服务业集聚区、江苏省创业投资集聚发展示范区、江苏金融改革创新试点区、南京市互联网金融发展示范区
珠海十字门CBD	离岸金融、互联网金融	离岸金融项目、金融后台、要素交易市场、粤港澳跨境金融合作
沈阳金融商贸CBD	科技金融	金融云谷项目、国家自主可控的金融信息安全云服务SAAS系统

资料来源：根据中国商务区联盟提供数据整理，部分CBD由于数据缺乏未纳入分析

的特点，空间形态也逐步注重独特性和延续性。从地下交通到水生栖息地、人行道、运动区域、内部公共空间和开放的屋顶，这些系统的深度、复杂性和"厚度"为中央商务区的空间开辟了更多的可能性。

（2）尺度大，建筑高密度。现代城市经过三次工业革命的洗礼，城市的发展速度及生产效率等飞速前进，同时核心地段土地稀缺。因此，中央商务区内汇集了气势恢宏、错落有致的超高层建筑。

3. 延伸与发展

中央活力区是对中央商务区理念的一种延伸，既继承了中央商务

第三章
中观视角下的
城市空间美学
实践

区的商业、商务等主要功能，又适应城市发展的需要，突出了功能的多样性，增加了活力要素，是一座城市的核心功能区和标志性战略区域。

在世界级城市中，中央活力区正在取代中央商务区成为热词。中央活力区是集商业商务、文化艺术、旅游休闲等为一体的大型活动集聚区，其空间形态更符合人们对城市中心功能多元性、复合性、丰富性、生态性等的要求。上海是国内首次提出"中央活动区"概念的城市，在"上海2035城市总体规划"中提出要打造承载全球城市核心功能的中央活力区。

相比于中央商务区，中央活力区一是多种功能复合共存，保障区域人气和活力能够延伸到一周七天，而且是全天全时段。二是区位覆盖更广，中央活力区可以在城市中心地区，也可以在城市副中心地区，成为区域经济依托。三是产业更加多元，除金融商务外，覆盖文创、信息经济、休闲娱乐等多类型产业，不仅服务区域经济，也服务城市居民。四是重视居住功能，中央活力区普遍设置一定比例的居住空间，保障区间的人群基础和功能配置。五是步行主导多层次公共空间，和公园、广场、步道等多层次公共空间并存，为区域内生活工作的人群提供多样选择。六是服务人群多样化，吸引多样的消费者和居住人群，从而保持持续的经济活力和城市吸引力。

2020年7月，深圳市在《迈向"中央创新区"——福田区都市型、分布式、智能化课题研究报告》里，公布福田城区定位将从"中央商务区"转变为"中央创新区"，致力建设都市型、分布式、智能化科创区，成为城市转型发展示范样板。

为顺应国际创新资源"再中心化"，深圳福田区所探索的"中央创新区"将同时具备要素组合、运行效率、综合成本三大突出优势。把科创区建在人口高密度、金融资本集聚、商业功能完善、生活配套成熟、地理位置优越的大都市中心城区。换言之，创新创业者、高科

113

技企业、研发机构等，不再仅仅集中于统一规划的园区之中，而是可以灵活选择办公场所，分散嵌入在大小不一、功能多元、各具特色的商务楼宇、老旧建筑、工业厂房、特色街区之中，并通过智能化平台，自主匹配相应的公共服务、租金优惠与专项扶持政策等。此次探索让科创产业成为高密度城市中心转型突破的新动力，破解高成本挤压的"空心化"现象，最大化的利用中心城区空间资源，真正达到支持创新企业成长和促进创新经济发展的目的。

3.3.2　中央商务区美学构建

中央商务区是商业汇聚之地，集中了大量的金融、商业、贸易以及服务机构，是一个城市资源最密集、运行效率最高的地区，也是城市最繁华的活力中心。成功的CBD不应只是写字楼的堆砌，只传递经济影响力，而应是一个宜商宜居、深度结合社区参与和活力，蕴含城市文化与艺术追求的公共活动中心。

1. 兼顾自然生态，打造"城市绿洲"独特景观

中央商务区不是只能有逼仄的高楼，也能有亲近自然的绿色空间。CBD不一定全是钢筋水泥，要兼顾水、植物等各种生态资源。如通过在建筑的前区空间、街道空间设置花坛，种植时令花卉，建设口袋公园等方式，打造CBD宜人景色。当人们在钢筋水泥的丛林里待得厌烦了，走上几步路就能置身于一个绿意盎然的空间，可以呼吸新鲜空气、被虫鸣鸟叫所环绕，在工作之余，于高楼大厦之间也能体验自然之美。

例如，位于济南燕山新区经十路两侧的济南中央商务中心，不仅有密集的高楼大厦，还有占地数十万平方米的人才公园和山体公园，形成"L"形的园林景观，横穿CBD的核心区域（图3.3-1）。尽管该区域土地价值寸土寸金，济南中央商务中心依然开辟出大片土地用于绿化。整个CBD的绿化由道路结合东西向的绿廊及南北向的绸带

公园组成，呈十字交叉状（图3.3-2）。一排排行道树和花丛点缀着路面，形成一片片"小绿地"，为"钢筋水泥"林立的中央商务区增添了一抹自然色彩。随着季节的变化，各种植物色彩缤纷，像一条彩色绸带萦绕在高层建筑之间，为繁忙的都市增添了浪漫诗意，让人在快节奏的工作中也能感受"春有花、夏有阴、秋有果、冬有绿"的自然风景。

图3.3-1 济南中央商务中心景观规划图

图3.3-2 经十路CBD

2. 巧用景观小品，增添艺术情趣

景观小品在场所空间里，像是无声的语言，凝固的音符。它依托于当地特有的风俗习惯和历史文化，通常与人们的生活息息相关。中央商务区景观小品的设计往往通过对街道设施、雕塑、铺装来体现城市独特的文化。

如上海陆家嘴中央商务区的多条步行道路，都注入了不同的文化主题，给市民的生活带来了丰富的体验。在南京路步行街，一条"金带"贯穿整条街道，"金带"上设置有37个雨水窨井，全部用合金铜浇铸，每个窨井上设计有不同的图案（图3.3-3）。其图案都是上海开埠以来各个时期比较有代表性的建筑物和构筑物浮雕，并标注建筑名称和建造时间，这些雨水窨井盖浓缩了上海百年来的发展建设历史。在绿地公园设置的雕塑《回翔绿洲》（图3.3-4），由"大地女神"和"自然女神"组成。宽大的翅膀播种绿色和希望，寓意人与自然的和谐共存以及低碳、环保的生活和发展理念。

植入多样化的趣味景观小品，将历史与生活生动展现在中央商务区，大大增加了它的艺术感染力和趣味性。此外，户外座椅、公共雕塑等元素也增强了公共空间的可停留性，从而使整个区域更有活力。

图3.3-3 南京路窨井盖上的建筑浮雕

图3.3-4 雕塑《回翔绿洲》

3. 以璀璨灯光，打造CBD繁华夜景

著名建筑大师理查德·凯利说："灯光是建筑设计不可分割的一部分。"灯光之于都市，仿佛具有一种魔力，让城市冷硬的钢筋混凝土褪去冰冷的表情，变得温情而浪漫。CBD作为城市功能核心区，其灯光照明对城市的美化效果也越来越受到重视。各个城市通过灯光设计，打造繁华夜景，让城市的夜晚越来越美丽！

曾被誉为"中华第一商圈"的南京新街口，是南京的第一个CBD。整个区域的灯光设计根据城市、街道与行人的三种尺度，由远及近，对建筑高层塔楼的不同部位进行细节勾勒，突显出建筑的轻盈和挺拔，犹如一面亮起的精神旗帜；商业裙楼里，内透照明营造出更多的视觉变化，激发人们一探究竟的欲望（图3.5-5）。入夜的新街口，在沿街灯带的微波浮动中，光色五彩斑斓，秦淮风情繁华迷人。

图3.3-5　南京新街口夜景

[3.4]

城市广场的恒久魅力

喷泉、雕塑、建筑、艺术……这浓缩了整座城市的风情。人们在这里看见城市历史，读懂城市故事。这些大大小小的城市广场有的看上去虽然只是街头巷尾的一座花园，代表的却是城市发展的脉络，甚至是一部简明、生动的城市发展史。那些跌宕起伏的往事，在潜移默化中塑造着市民的气质，沉积为这座城市的精神。

3.4.1 城市广场

城市广场是典型的公共开放空间，在西方更有着"城市客厅"的美誉，是城市居民开展特定活动的地方。一般位于城市道路的交汇处、空间结构转换处以及城市或片区的中心位置。按其性质、用途以及在道路网中的地位，分为公共活动广场、集散广场、交通广场、纪念性广场与商业广场等（表3.4-1）。

著名的建筑理论学家保罗·朱克认为：广场是使社区成为社区的场所，是人们聚会的场所。凯文·林奇在《城市意象》一书中指出，

城市广场分类　　　　　　　　　　　　　表3.4-1

类型	特征
城市公共型	服务全体市民，展示城市形象，为市民提供多样化的日常交往与社会实践的活动场所。根据功能性质可以分为市政广场、纪念广场、交通广场、商业广场、文化广场、休闲及娱乐广场等
功能区中心型	在不同的城市功能区内部设置的供内部人员活动的核心广场，如：住宅区中心休闲广场、大学中心文化广场等
节点型	街区级中心广场，为街区内的市民提供日常休闲、交往活动的场所。如：街角节点广场、街区入口广场等
步行联系型	控制步行感节奏，联系步行路径，为线状的步行提供短暂的停留、休闲空间。如：路侧带型广场，步行街区带型广场等
建筑周边型	临近建筑外墙，具有一定规模的硬质现场，主要起集散人流的作用。如：大型公建入口广场

广场位于一些高度城市化区域的核心部位，被有意识地作为活动焦点，通常情况下，广场经过铺装，被高密度的构筑物形成围合，有街道环绕或与其连通，应具有能吸引人群、便于聚会的要素。

3.4.2 遵循的美学原则

1. 一体化原则

城市广场的整体性包括两个方面：功能整体和环境整体。城市广场一般都有相对明确的主题功能和其他相配合的辅助功能，需要做到主次分明，特色突出。作为城市空间的有机组成部分，城市广场需要考虑自身所处环境的历史文化内涵、周边建筑元素、时空连续性等因素，做到和周边环境相互协调、有机衔接并富有变化。

2. 适宜协调原则

广场的使用功能和主题要求各有不同，在设计上需要匹配合适的规模和尺度。空间和其他设计元素都应该要以人为本，支持人的行动，保证城市广场活动与周边建筑及设施使用的连续性，以及公众的共享性和环境景观的良好性。比如对不同的活动人群进行不同的设计处理，休闲人群和穿行者的交通流向要避免冲突，特别是举办音乐会、集会等大型活动时的使用安全问题。

3. 多样性原则

城市广场应该在满足城市景观整体性的原则下，以多样化的空间形态适应多样化的城市生活，兼顾社会群体及个人的需求。同时，设置于广场的景观和设施其功能性也应该多样化。设计结合地形、色彩、材质等要素，形成独特的景观，如喷泉、雕塑等，组合成不同的休闲空间，使广场的纪念性、艺术性、休闲性等融为一体。

3.4.3 广场的美学构建

城市广场是市民游客活动的重要区域，是进行人文活动的开敞空间。在功能上常常用于组织集会、休闲散步、商贸交流和形象展示等。城市广场不同于城市街道、公园等空间，其构景元素、造景手法丰富多样，在环境的营造上独具特色。

1. 以地域文化融入空间设计，彰显城市魅力

地域文化是城市个性和特色营建的重要源泉，在各种场所中融入传统的、具有地方特色和民族特色的美学元素，从而创造出极具个性特色、得到当地居民和外地游客认同的完美空间。

拥有320m浦西第一高楼的上海白玉兰广场，地处北外滩沿江优越地段，西南面与百年外滩相连，南面隔江与陆家嘴相望，总建设体量42万m^2，有"世界会客厅"之美誉。建筑风格以清新典雅的白玉兰造型著称，其设计灵感来源于上海市花白玉兰。

建筑设计上来看，办公塔楼的平面及立面均为抽象化处理的白玉兰花朵几何图案造型，就像两朵白玉兰重叠；塔冠顶部做了7瓣钢结构花，从塔楼外框架柱延伸上来。从高空俯瞰，白玉兰花瓣迎风伸展，在阳光下，在灯光中缓缓盛开、熠熠生辉（图3.4-1）。

2. 以合理的空间规划，演绎城市烟火

城市的发展与建设，既要景观美，也需要活力繁荣，充满烟火气息。以前，广场建设多以宏大的空间叙事结构为主。随着城市的发展，广场的空间风格逐渐发生变化，人的需求和活动成为广场空间规划的重要因素，绿化、水体、座椅、艺术小品以及游乐设施等成为广场主要内容。现代城市广场更注重个性化、艺术性和人情味的表达。

第三章
中观视角下的
城市空间美学
实践

图3.4-1 上海白玉兰广场

位于东莞行政文化中心区的东莞中心广场，是以市民日常休闲、文化活动为主的广场代表。其周边聚集了中央商贸区，地铁交汇站等，是城市中心区域集行政办公、文化休闲于一体的综合性广场。近年来，东莞中心广场经过改造提升，力图打造品质化城市中央休闲空间（图3.4-2）。

图3.4-2 东莞中心广场

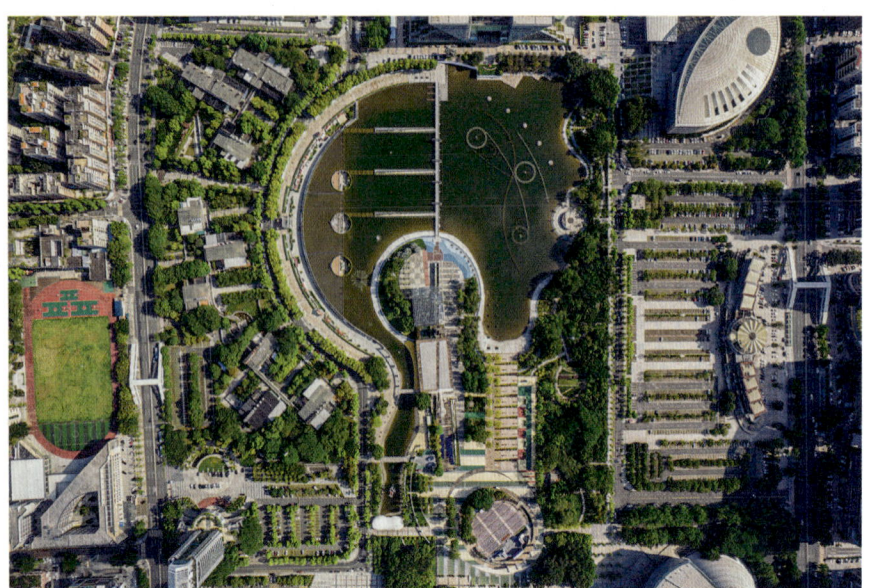

图3.4-3 东莞中心广场南广场

中心广场以鸿福路为界，北侧为行政广场，以行政服务功能为主；南侧为文化广场，以文化、休闲活动功能为主（图3.4-3）。整个广场通过合理的规划，结合周边场馆的特点以及景观特质，设计以水景为主题的蓝带区，以花草树木为核心的绿带区和以夜景为焦点的光带区。每个区域又对各类城市设施和城市家具加以丰富优化，满足了市民日常休闲需求。每当旭日东升或夜幕降临，广场上散步的老人、跑步的青年、嬉戏的儿童、闲坐聊天的三两人、跳广场舞的人群……都在这里各得其所，各得其乐。华灯初上，广场夜景区通过激光、投影、喷泉光影水秀等形式为市民上演"白天一景，夜晚一秀"的视觉盛宴。

3. 以标志性雕塑，助力城市广场的品牌打造

雕塑是广场设施中最核心的部分之一，象征着一个城市或地区的精神，一般处于广场的中心或显著位置。

如青岛五四广场的标志性雕塑《五月的风》（图3.4-4），简洁的线条设计和厚重的钢板材质相得益彰。其造型螺旋向上，如火红色的

烈焰腾空而起，象征着五四运动是点燃新民主主义革命的"火种"、席卷全国的爱国主义飓风，展示了青岛的历史足迹。

除了公共艺术等构筑物，广场上还有景观小品、灯箱广告、座椅、垃圾桶等设施，提供识别、休憩等功能，同时具有点缀、活跃环境氛围的效果。

图3.4-4　青岛五四广场雕塑《五月的风》

[3.5]

商业街区的城市烟火气

半城繁华，半城烟火。走过一条条街巷，路过一家家老商铺，熙熙攘攘的人流、街头巷尾的吆喝、摊位上的精美小吃、橱窗里的琳琅商品、夜色中的五彩霓虹……浓浓烟火气，升腾在巷陌间。

3.5.1 概念与发展过程

每个城市都有这样一个或大或小的商业街区，集购物、餐饮、社交、娱乐、文化等功能于一体，是城市中商业网点最集中、由若干条街道交错组成的区域。它不仅是本地居民常态下的生活休闲空间，也逐渐成为外地游客体验当地人文风貌的重要旅游空间。常见类型有综合商业街区，如北京王府井步行街、深圳南山欢乐海岸等；主题商业街区，如西安大唐不夜城、北京三里屯酒吧街等；特色商业街区，如成都锦里、上海豫园等（图3.5-1）。

商业街区发展演变至今已有几千年的历史，最早的商业街区可以追溯至古罗马时期在巴西利卡内建造的商业步行街。我国商业街区最早出现在宋代，在这以前，城市是坊市制格局，居民区"坊"和商业区"市"严格分开，四周围有隔墙或篱栅。"坊""市"门有士兵把守，开启、关

图3.5-1 现代商业街区

第三章
中观视角下的
城市空间美学
实践

闭时间由官府统一规定。就像影视剧《长安十二时辰》里设有看漏报时的专职人员，每当漏刻"昼刻"已尽，夜晚来临，官府擂响六百下"闭门鼓"。听到鼓声百姓就得赶紧往"坊"的家中奔赶（图3.5-2）。

到了宋代，坊市界限逐步打破，街巷制出现，街区不再被包围，成为一系列开放的公共空间和各种活动的主要场所，人们可以自由交易。从北宋张择端的《清明上河图》看到，临街房屋打开窗户即成为商铺门面，米面油铺、摊位小吃、酒楼商铺鳞次栉比，漕运商船络绎不绝，游人商贩往来熙攘。

随着社会经济的飞速发展，商业街区空间形态经历了从市集到店铺、百货大楼、购物中心，再到现代综合型商业街区的发展演变。其功能也变得更加复合多元，不再只是单一的商品买卖交易场所，而是包含"吃、喝、玩、乐、游、购、娱"等内容的城市公共空间（图3.5-3）。

图3.5-2 闭门鼓声响后，商贩收市回家

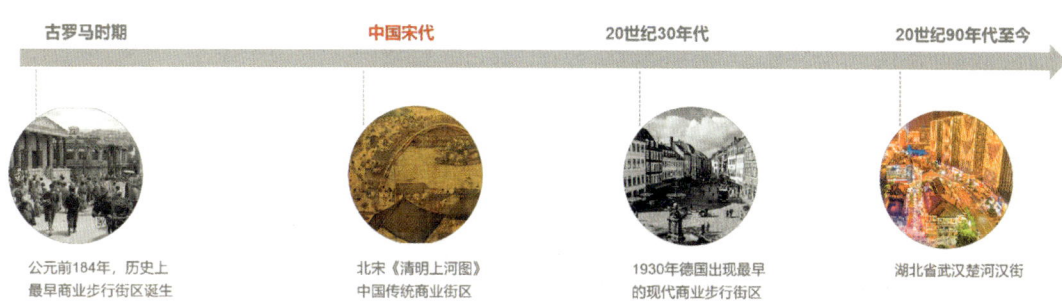

图3.5-3 商业街区发展历史

时代与消费模式的变化，也促使商业街区由以"产品为中心"转变为以"消费者为中心"的商业模式。现代商业街区以设计为导向，注重主题化、体验化和城市文化底蕴的挖掘，既有柴米油盐酱醋茶的人间烟火，又汇聚了时尚潮流的艺术气息，满足人们休闲娱乐、享受生活等精神层面的需求。

3.5.2 商业街区美学构建

对于一座城市而言，其商业文明往往和著名商业街区的名字紧密相连。对于生活在城里的老百姓而言，烟火气就是衡量这座城市温度与归属感的风向标。随着城市空间结构的重组、经济重心的转移以及消费观念的转变，传统、单一的消费形式无法为人们提供更丰富、更多元、更深层的体验。现代意义上的商业街区在满足基本商业功能之外，更需要以美学为牵引打造具有观赏和游览价值的城市景观空间，甚至成为展示城市文化与历史的标志。当美学被合理运用在商业街区的一砖一瓦、一草一木、一楼一宇、一街一景的设计之中时，就能直接或间接地体现其历史文脉、地域风情、商业文化氛围等内在个性。让商业街区成功"出圈"，从美学角度探讨，大致有以下几种方式。

1. 善于利用文化元素，打造品牌IP

我国的商业街区通常位于城市核心区域或者老城区里，这些街区在过去几十年里，甚至数百年的时间里，都是城市功能聚集和最具活力的空间，积累了厚重的文化底蕴和商业氛围。在修复、改造、更新这些商业街区时，创作灵感多是来源于对当地文化元素的提炼，而后演绎到商业街区的设计中，形成风格独特的品牌IP。

这种文化内涵要与在地文化相吻合，体现本地最基本、最原始的特征。如果在国内传统商业街区设置雅典娜雕像，西北城市的商业街口出现渔女雕塑，都会让人感到是生搬硬套、显得不伦不类。反之，街道两旁古色古香的传统建筑、久负盛名的百年老店、充满童年回忆及民俗文化的老物件等，却能激发人们对城市历史的认同感和归属感，使商业街区增色生辉。比如成都宽窄巷子在更新改造时（图3.5-4），提炼当地剪纸、门窗图案、川剧、织绣、竹子等传统文化元素，将其文化内核演绎到设计中，使市民及游客产生情感上的共鸣，与之互动。

文化的嵌入为商业街区注入了灵魂，吸引着越来越多的消费者。近年来，各地以文化为主题的商业街区不断涌现，其中，西安大唐不夜城商业步行街最为"出圈"。

大唐不夜城以盛唐文化为主题，以盛唐标志建筑大雁塔为依托，将周边的大唐芙蓉园、曲江池遗址公园、古城墙遗址等唐朝遗迹串联起来（图3.5-5）。设计上，大唐不夜城以现代创新的方式，将盛唐的灿烂文化融入大唐不夜城的仿唐建筑（图3.5-6）、砖石瓦砾、夜景照明（图3.5-7）、雕塑小品（图3.5-8）、花草景观之中。发展至

图3.5-4 成都宽窄巷子

图3.5-5 大唐不夜城

图3.5-6 仿唐建筑

图3.5-7 照明灯笼

图3.5-8 人物雕像

今，大唐不夜城已成为西安发展的新亮点、新景观和新名片，吸引了国内外众多游客，带动了西安的旅游收入，激活了街区的消费潜力和商业活力，实现了"商旅文"的深度融合。

2. 设置标志物和艺术品，艺术与商业完美结合

商业街区景观是街道路面、街区设施和周围环境的组合体，以艺术的手段、街区特色文化主题为核心，提炼街区文化要素，塑造独特形象。通过利用商业街区主入口、中心广场特殊地面环境，或者以特定顾客群体而打造的个性化设计主题等，达到"人无我有，人有我新"的效果。

例如，作为重庆市核心区域的解放碑商业街区，因为重庆第一地标——人民解放纪念碑闻名遐迩，更因街区内设置的各种有趣的雕塑艺术品成为中外游客的打卡热地。高耸于洪崖洞城市阳台上的《记忆山城》古铜雕塑（图3.5-9），高达13.8米，别具一格地把20多幢吊脚楼错落融合在一起，生动地展现了老山城依山势而建的居住特点。八一路《火锅老头》《红辣椒+筷子》《逛街

图3.5-9 雕塑《记忆山城》

图3.5-10　八一路雕塑

女孩》等雕像作品（图3.5-10），不仅突出了川蜀地区的美食属性、山城特性，更生动展示了重庆人悠闲自在的生活气息。这些充满艺术创意又妙趣横生的艺术品，已然成为解放碑商业街区的地标景观，成为游客们拍照打卡的"网红景点"。

当传统文化与现代潮流融合，有品位、有温度、有故事、有历史印迹的城市雕塑和景观小品走进商业空间，让商业街区在提升"颜值"的同时，也多了一点"潮流艺术范儿"。

3．利用灯光营造氛围美感

当白昼褪去，灯火通明的街道，熙熙攘攘的人群，被绚烂的灯光所包围的城市，充满了别样的味道。灯光不仅可以夜景照明，勾勒建筑的轮廓美，而且能迎合消费者的购物心理，营造沉浸式体验氛围，令大众化的商业空间更具吸引力，实现商业街区的最大商业利益。

淄博尚美第三城的灯光设计通过线性灯带简洁明了地勾勒出建筑坡屋顶轮廓，突出其独特的建筑风格及优美形态（图3.5-11）；户外广告招牌则充分利用霓虹灯、LED显示屏、图案投影等新材料、新技术，通过色彩、亮度等配合建筑、景观、图形、文字等营造出协调美观的灯光氛围（图3.5-12）；在中心广场用LED圆环打造了一个大型的灯光装置（图3.5-13），曲线流动的造型、色彩流溢的灯光，结合创意视频媒体内容，成为淄博网红地标打卡点。除此之外，在地面铺设互动地砖灯、地埋灯，营造出绚丽多彩的灯光氛围，增加了游客间的互动性和趣味性（图3.5-14）。齐文化的历史底蕴，结合时尚活力的夜景灯光，"泱泱齐风、陶韵淄博"的繁华旖旎在夜色中徐徐展开。

图3.5-11　建筑灯光设计

图3.5-12　户外广告灯光设计

图3.5-13　地标灯光设计

图3.5-14　互动地砖灯

4．建筑体现和谐之美

商业街区的建筑外观对于商业氛围、商业活动以及消费活力等都有一定的影响。在设计、改造商业街区时，建筑与街区风格、尺度、色彩，应在整体协调的基础上合理体现个性。

大唐不夜城主轴建筑特点鲜明，沿主轴大街两旁的商铺延续唐代建筑风貌。其特征为三段式的立面构成（图3.5-15），采用整体顺应、局部突破的设计原则。立面改造保留唐风建筑屋面，同时用现代的设计手法重新演绎传统建筑语言；材料颜色与周围建筑协调统一，呈现出富丽堂皇蕴有内涵的商业氛围；通过艺术装置强化商街入口，给整个商街带来更多时尚与活力（图3.5-16）。在建筑改造上采取新旧对话的方式，既要保留原历史建筑的原始结构，又应为其注入新的现代化建筑语言，以实现有机更新。

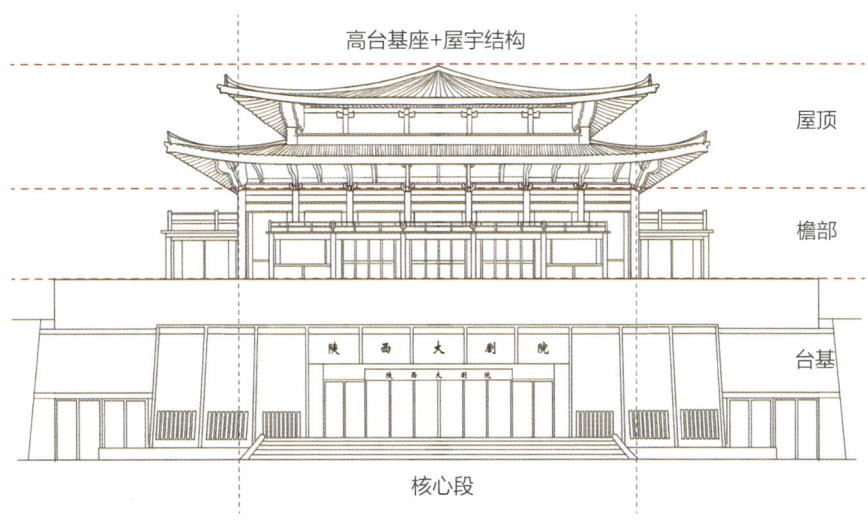

图3.5-15　大唐不夜城建筑的三段式立面构成

图3.5-16　步行街入口立面改造

[3.6]

产业园区的梦想再造

承载着城市振兴重任的产业园区，是城市发展的力量之源。在打造现代化城市的过程中，产业园区的规划愿景变得日益丰满。功能完善且运营成熟的产业园区创造了城市的独特风貌，也不断镌刻下这片土地的奋斗足迹。

3.6.1 概念与发展过程

产业园区是指国家或地方政府根据其所在区域经济发展的内在需求，通过行政或市场的手段，将各类生产要素科学地整合于一定的空间区域，使之发展成为结构层次合理、产业特色鲜明、集群优势明显、功能布局完整的现代化产业集聚区域。

常见类型有物流园区、科技园区、文化创意园区、艺术园区、工业园区、生态农业园区、地方民俗园区等（图3.6-1）。

图3.6-1　东莞松山湖科技产业园

第三章
中观视角下的
城市空间美学
实践

产业园区最早出现于19世纪末期的英国，工业革命的爆发促使农业向工业的技术转型。1896年6月24日，伦敦金融家欧内斯特·他拉·胡利（Ernest Terah Hooley）花36万英镑买下了特拉福德公园，发展铸钢、食品、汽车制造等产业，在曼彻斯特大运河黄金水道的推动下迅速工业化，由此世界上第一个工业园区——特拉福德工业园诞生（图3.6-2）。

图3.6-2 特拉福德工业园

第一代
工业园区为主（招商蛇口工业区）
政府主导建设，功能单一，周边配套匮乏，园区缺乏活力

↓

第二代
科技园区为主（武汉光谷开发区）
沿海城市为主导，外资引进，开始注重结合城市功能

↓

第三代
高技术含量，除了产业、研发，开始引入办公、商务、居住等其他功能，城市功能逐步融入

↓

第四代
产城融合，研发、办公为主，兼顾金融、商务、展览、居住、商业等，践行环保理念

↓

第五代
注重产业内循环需求，以人为本的生长型园区，从单纯的为产业服务到为产业人服务

图3.6-3 中国工业园区的更迭

改革开放初期，深圳作为第一个经济特区，招商蛇口工业园的成立，标志着"园区"的概念在我国首次出现。随着我国经济发展和产业结构不断调整，产业园区作为经济创新和发展的重要载体，其核心特征和经营模式也不断转型升级。从1.0、2.0、3.0、4.0到后疫情时期的5.0阶段（图3.6-3），或者是从"工改工"到"工业上楼"，产业园在产业结构、生态建设和运营管理等方面都发生了不同程度的调整和优化。

133

经过一百多年的发展，现代产业园区"生产、生活、生态三位一体"，不仅聚合了研发、办公等产业功能，还配套餐饮、休闲娱乐、运动康体、酒店公寓等多种业态，是"产城人融合"的开放性混合社区。

3.6.2 产业园区美学构建

产业园在建设中以生产空间建设为主，经常忽略与其他要素的关联性，导致园区功能规划、场所设计等方面存在许多问题。既影响园区的使用，也不利于园区的招商引资，造成极大的浪费。因此，应从美学构建出发，在空间规划、建筑形态以及生态环境等方面强化园区人性化、个性化和多元化，打造适应现代化发展需求的产业园。

1. 提取产业元素，打造独特的文化意象

产业元素是产业园区中最能体现其特点的元素，一般说，最可能出现在空间形态、旧建筑、老设备、色彩甚至是标语口号之中。

例如，江西景德镇陶溪川文创街区的改造，将原宇宙瓷厂的工业元素运用到了整个园区中。园区品牌logo图形，来源于宇宙瓷厂老厂房与高耸烟囱的造型，简洁美观（图3.6-4）。另外，街区中的美术馆建立在原气烧隧道窑之上，其logo则以隧道窑剖面图为设计元素，充满历史意义和艺术感（图3.6-5）。原窑厂窑砖因长期烧制而变得疏松脆弱，以红砖替换，既增加了安全性，又摆脱了原来沉重破旧的色彩，使园区更加活跃时尚（图3.6-6）。红色又象征着"火"，和美术馆与博物馆之间的水池，共同代表了烧制瓷器必不可少的"火"与"水"元素。同时，以"水"比作现代，美术馆与博物馆两座老建筑倒映在水池中，又有现在与过去对话、现代与历史融合之隐喻，充满意趣，给人以无限遐思（图3.6-7）。除此之外，工业遗存的色彩、口号等元素也被应用到各类陶瓷艺术品及文创作品当中，形成了陶溪川文创街区独特的风景线。

图3.6-4　陶溪川文创园LOGO

图3.6-5　美术馆LOGO　　　　图3.6-6　陶溪川红砖厂房

图3.6-7　陶溪川"水""火"元素

2. 活化利用老建筑，蝶变新的时代精神

老建筑是旧时光的缩影，也是城市变迁的见证。工业时代的旧厂房、老园区，人们生活过的老房子、老院子，都可以活化利用到产业园区的建设和改造中，让旧时光蝶变出新的时代精神。

深圳，一座以"速度"闻名全国的国际大都市，拥有着超过200个各种类型的产业园。在这个"越快越好"的地方，南山科兴科学园却用三年时间，把一座300多年的古建筑，包括一砖一瓦、一石一木，从遥远的赣北被完整地搬来了深圳南山（图3.6-8），皆按原样拆解，再严苛地逐一复原。在这个永远车水马龙的科技中心、寸土寸金的"中国南方硅谷"、充满奋斗精神的现代化科技园区，这座有着324年历史的古老建筑，仿佛于喧嚣之中觅得的一处心灵"静"土，令疲惫的灵魂得享惬意和宁静。

大夫第，矗立于科兴科学园平台花园，庄重大方，与周围鳞次栉比的摩天高楼竟奇迹般和谐（图3.6-9）。时尚的玻璃幕墙与传统的青墙黛瓦交融辉映，现代科技与文化诗意包容共存，古今文化的碰撞与融合，使科技氛围浓厚的园区里增添了许多人文气息，让逐梦者在砥砺前行时依然能"悠然见南山"。"新时代"触碰"旧情怀"，古老的建筑在这里得以激发出新的生机与活力，城市的发展得以在历史的文脉中汲取养分与力量，这展示了深圳"共存、共创、共生"的文化魅力。

第三章
中观视角下的
城市空间美学
实践

图3.6-8　南山科兴科学园大夫第

图3.6-9 大夫第：玻璃幕墙与青墙黛瓦交融辉映

3. 巧用夜景亮化，实现园区华丽转身

产业园已进入高速发展期，夜景亮化工程成为产业园设计成败的关键之一。在建筑立面、景观绿化、街道路面等位置合理布置灯具的点位，通过照明、照度、光色等照明元素与其艺术性的结合，赋予产业园艺术气息，使产业园成为有风景、有意境的艺术画卷。

图3.6-10 东莞鰲鱼洲烟囱夜景

例如，在东莞鰲鱼洲文化创意产业园的夜景亮化工程中，夜景成为整个文创园规划中的重点。一般说，文化创意园在夜晚人流减少。但是，鰲鱼洲通过夜景照明打造"24小时不落幕"的文化交流场所。在鰲鱼洲文创园区，高耸的烟囱和巍峨的筒仓是园区最有代表性的历史建筑。在烟囱外墙安装照明射灯、线灯、创意灯，使烟囱不仅在夜间具有亮化效果（图3.6-10），在茫茫的夜色中也更加璀璨、灵动。让工业属性极强的老建筑，摇身一变成为艺术感十足的夜景打卡点。

另外，产业园的夜景照明设计凸显其文化底蕴，实现夜间园区的人文和艺术美感。通过借助园区内的建筑结构，最大限度地挖掘并强调其工业特征。如鳒鱼洲园区内8-4厂房的照明（图3.6-11），以小角度光束照射厂房龙骨，吊装灯光雕塑，通过不同的排列方式，形成动感的矩阵空间，酷炫十足。

图3.6-11　东莞鳒鱼洲8-4厂房夜景

园区道路亮化根据园区内的空间分布和职能划分，侧重重点区域及有特殊需求的空间。如滨江一侧的慢行步道（图3.6-12），市民、游客常常来此散步休憩，在这类区域需要的是舒适、温馨的光环境氛围。主干道上的夜市吸引了众多年轻人消费打卡（图3.6-13），因此，其照明风格以动感时尚为主。一方面渲染夜景氛围，更好地吸引人流，另一方面也是防止照明过暗引发安全事故。

图3.6-12　慢行步道灯光设计　　　　图3.6-13　主干道灯光设计

[3.7]

城市公园里的诗与远方

公园,一座城市的呼吸绿肺,承载着人们对诗意栖居生活的向往。从中心公园,到街头转角的公共绿地和口袋公园,这些散落在城市各个角落大大小小的公园,犹如耀眼的星星,为我们点亮触手可及的诗与远方。

3.7.1 概念和发展过程

城市公园是城市生态系统、城市景观的重要组成部分,为城市居民提供休闲、娱乐、锻炼、交往等场所,包括综合公园、社区公园、专类公园、体育公园、儿童公园、游园等。

世界上第一个近代城市公园是美国纽约的中央公园。这里除了大片森林与草坪以外,还有露天剧场、小动物园、美术馆、溜冰场等休闲娱乐设施(图3.7-1)。它的成功建成与开放掀起了"城市公园运动"。我国第一座现代公园是1868年在上海建造的黄浦公园(图3.7-2),是欧洲园林理论在中国的实践。

图3.7-1　纽约中央公园

图3.7-2　上海黄浦公园

随着城市的发展和社会文明程度的不断提高，城市公园的建设也逐步呈现出便民化、开放化、主题化、多元化等趋势。

住房和城乡建设部2017年颁布的《关于加强生态修复城市修补工作的指导意见》提出"两手抓"策略，一方面"通过拆迁建绿、破硬复绿、见缝插绿等，拓展城市绿色空间"；另一方面"推广老旧公园提质改造，提升存量绿地品质和功能"。2022年发布《关于推动"口袋公园"建设的通知》提出"2022年全国建设不少于1000个城市'口袋公园'""每个省（自治区、直辖市）力争2022年内建成不少于40个'口袋公园'"。

2023年2月，住房和城乡建设部发布通知，决定开展城市公园绿地开放共享试点。鼓励各地增加可进入、可体验的活动场地，在公园草坪、林下空间以及空闲地等区域划定开放共享区域（图3.7-3），完善配套服务设施，更好地满足人民群众搭建帐篷、运动健身、休闲游憩等亲近自然的户外活动需求。目前多地探索绿地活动新思路，打造"绿地+"模式，举办特色共享活动，让公园既好看，又好用。如东莞相继在生态园燕岭湿地公园、松山湖黄花风铃木林、黄旗南香遇走廊等多地打造"小而美"的绿地音乐会，举办生态露营节，打造"绿地+露营"模式。

图3.7-3 成都天府新区森林公园露营区

3.7.2 城市公园美学构建

公园作为城市景观的重要组成部分,长久以来承载着城市居民休闲、娱乐、游憩等功能。在城市更新的背景下,城市公园作为重要的存量资源,越来越受到人们的重视与关注,因此,从美学角度来探讨城市公园改造提升的方法与策略具有重要的现实意义。

1. 尊重植物的自然属性,打造与周围环境相协调的绿化景观

因地制宜,尊重植物的自然属性,就是要尊重自然规律"适地适树",根据当地的气候、土壤、光照等的情况选择适宜生长的植物。如北方以栽种松柏、国槐、柳树为多,因其耐寒性强,能适应寒冷冬季(图3.7-4);南方则以小叶榕、黄山栾树、香樟居多,因其

图3.7-4 景山公园里的槐树

枝繁叶茂，树冠饱满，遮阴效果好（图3.7-5）。同时也要考虑植物的配置要适应或符合该地区公园绿地综合功能的要求，要与周围环境相适宜，比如为了体现烈士陵园的纪念性质，就要营造一种庄严肃穆的氛围，适宜选用冠形整齐、寓意万古流芳的青松翠柏（图3.7-6）。

位于上海普陀区的"花影拾趣园"街心公园，改造前植物群落结构老化单一，树高叶繁郁闭度①高，并且有围墙遮挡，视线和动线被限制。改造后，通过多层次植物搭配，打造出一个舒适开放的绿色线性空间。如今园内四时有景、四季有花，绿植疏密有致、色彩和谐，呈现出丰富的空间层次感，让"出门见绿，步行入园"的美好愿望得以实现（图3.7-7）。

2．利用诗词、楹联等传统文化，营造诗意景观空间

城市公园是展示城市文化的重要窗口。众多公园不仅传承着"师

图3.7-5　广州越秀公园小叶榕

图3.7-6　广州烈士陵园松柏

图3.7-7　上海街心公园

---

① 郁闭度：指森林中乔木树冠在阳光直射下在地面的总投影面积（冠幅）与此林地（林分）总面积的比，它反映林分的密度。

法自然"的中国传统造景手法，同时，也是诗词、楹联等传统文化表达的重要载体。通过利用古诗景语中的诗情画意造景，形成意蕴深远、高雅别致的景观效果。苏州北寺塔公园梅圃的设计取自宋代诗人林和靖咏梅诗句"疏影横斜水清浅，暗香浮动月黄昏"的意境。在园中挖池筑山，临池植梅，借白塔寺的倒影入池，将古诗意境再现，让人们进入诗情画意之中（图3.7-8）。

图3.7-8　苏州北寺塔公园早春梅花

3. 保留山水肌理，让城市融入山水之间

城市公园虽然带有人工色彩，但也需要最大限度地贴合自然，充分发挥自然界山水肌理的特性，展现山水特有美感。例如，深圳市龙华区依据其"三面环山，一水贯城"丘陵地貌特征，提出"龙华绿环"的理念。通过蜿蜒的环城绿道，依山就势，将山林、湿地、水库、郊野公园等自然景观和公共资源串联起来，实现山、水、岸、绿、景、城的有机衔接，形成连贯、优美的风景带和公园链，成为市民闲暇时观光、健身、亲子游的好去处，有效提升了城市边缘土地价值，激发了城市活力（图3.7-9）。

图3.7-9　龙华区环城绿道

4. 引入多元化景观设施，构建全龄绿色活力空间

老年人在林荫道散步，中年人在广场上起舞，年轻人在跑道挥洒汗水，儿童在沙坑里嬉戏玩耍。随着城市的发展和人们需求的变化，城市公园不再被固化于美化、改善城市环境的单一功能，"全民+全龄"友好正成为城市公园改造升级时的重要考量。通过配置健身设施，设计生态步道、儿童游乐区，增设景观小品等方式，满足全年龄段运动、娱乐、休闲的需求。

例如，锦州古塔公园的改造，对公园活动空间进行了重新分配，在保留原有空间肌理的基础上，还增加了儿童无动力乐园、儿童戏水池、射箭营地、帐篷营地、辽文化广场等区域（图3.7-10）；并根据不同年龄段人群的生理、心理特征及使用需求，从色彩、设施、景观等方面对不同区域进行设计。如在儿童乐园，地面铺设以蓝色调为主的EPDM环保地垫，设计各种颜色的图案、标线，增设跷跷板、跳马等游乐设施，营造丰富、独具吸引力的儿童趣味空间。

5. 利用灯光照明，打造独特的景观夜景

城市公园是居民休闲、放松的场所，夜景照明设计不仅要满足夜间出行、运动的需求，还需利用光线展现公园的风格和特色。公园照

图3.7-10　锦州古塔公园总平面图（图片来源：锦州城市吧）

明设计要把握人的心理需求，营造适合游玩的氛围，避免产生眩光或造成光污染。比如青岛小麦岛公园主路，采用投影方式（图3.7-11），让路面呈现光影艺术图案，产生强烈的视觉冲击。景观小品也是公园夜景中富有创造潜力的要素，往往极具艺术感染力。例如，小麦岛公园的镂空景观小品（图3.7-12），通过外壳镂空的图案，洒落点阵状光斑，不仅可以照亮路面，其小品本身还具有较大的观赏性。

营造艺术化的景观照明，还通过灯光与公园绿植、假山、水景、游乐设施等结合。如山东泰安泮河公园（图3.7-13），通过泛光灯具照射，将乔木的树形轮廓显现出来；以线性灯具勾勒堤岸，以水为镜，将岸边的景观照明与水体有机结合，既增强了公园夜景的统一性，又丰富了水岸线的空间层次。

图3.7-11 青岛小麦岛公园主路

图3.7-12 青岛小麦岛公园景观小品

图3.7-13 泰安泮河公园

[3.8]
多元化复合的城市门户

清朗美丽的天际线、栉比鳞次的现代建筑、车水马龙的繁华街道、一闪而过的绚烂广告……初来城市,这些或深或浅的印记,是这座城市留给人们的最初印象。

3.8.1 城市门户相关概念和发展过程

《说文解字》中解释,门,扪也;户,护也。《辞源》对"门户"的解释是:"门"是入"户"的前奏和界定,"户"是"门"的延伸和扩散。美国建筑大师C·亚历山大在《建筑模式语言》一书中认为"进入城市的通道在穿越边界时形成明显的转换空间,这就是城市门户"。

现代城市门户是以交通枢纽为基点,连接城市内外的多元化复合型城市空间,它不仅具有城市入口的进出通过作用,还具有连接城市内外,担负着城市与外界进行物质、能量和信息交流的重要作用,是城市边缘的重要节点,与城市功能、城市景观等有着紧密的联系。

根据陆路、水路、空路三种交通方式的分类,城市门户可分为陆域门户(图3.8-1)、水域门户(图3.8-2)和空域门户(图3.8-3),通常包括公路的高速口和汽车站、铁路的火车站、航空的机场、水路的码头和港口等。

古代,城墙是城市的标志和边界,城门就是城市入口,人们或步行或以车马进城。古罗马时期马可·维特鲁威提出的理想城方案,被认为是西方对于城市门户建设最早的探索和思考,他提出,明显的城市入口和十分便利的交通条件应该成为一个理想城市边界的特征。1898年在"花园城市"理念指导下,城墙与城门的意义逐渐淡化、

第三章
中观视角下的
城市空间美学
实践

图3.8-1 陆域门户：武汉火车站

图3.8-2 水域门户：深圳蛇口港码头

图3.8-3 空域门户：北京大兴机场

消失。第二次工业革命之后,现代科学技术的发展和煤、电等能源变革带来了新的交通工具,使得城门不再是城市入口的唯一形式,城市门户从封闭走向开放,有了更加丰富的内涵与形式。

3.8.2 城市门户美学构建

门户,是人们往来城市的"第一站"和"最后一站"。人们通过它,对这座城市产生第一印象;也因为它,留下对这座城市离别的记忆。它不仅吸引着游客的目光,在交通、经济、政治、文化等各个方面也都释放出这座城市的潜在能量,是城市价值观、审美观以及城市精神的集中体现。

1. 提炼地域文化特色,打造标识性门户景观

具有明显的标志元素是城市门户景观的一大亮点,它能直观传递城市的文化特色和形象风貌。充当标识物这一角色的,通常是制高点或形态、体量占据特殊地位的大型雕塑、建筑物、桥梁等,是门户景观中的主景、人们视线的聚焦点。因此,彰显地域文化、体现本土特色是门户标识景观设计的一个重要原则。

例如,成都天府国际机场的航站楼建筑灵感来源于金沙遗址出土的"太阳神鸟"图(图3.8-4)。四座航站楼犹如四只驮日飞翔的神鸟(图3.8-5),代表了人类对飞翔的向往。在成都,"太阳神鸟"是一个特别的文化符号,将航站楼设计成"神鸟"形状,既凝聚古蜀文明的神秘与美妙,又寓意了天府国际机场向世界腾飞的自信和高昂之姿态。从空中俯瞰,云层之下若隐若现的天府国际机场,正如同展翅欲飞的"神鸟",形成强烈的视觉冲击(图3.8-6)。

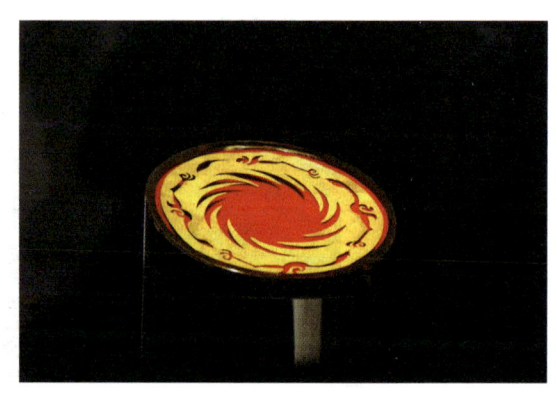

图3.8-4 金沙遗址出土文物:太阳神鸟

惠州白云前高速出入口的景观雕塑（图3.8-7），通过对惠州"半城山色半城湖"地貌特征的归纳提炼，将其独特的山水意象以中国画写意的方式呈现出来。整体造型由前后四层穿插形成，前两层以实体展现，结合花钵体模块，种植地方特色花卉，春去秋来间，更添四季变换之美。主体部分采用户外LED屏幕，满足媒体传播需求。整体设计，在虚实结合中融合功能要素，既完美展现了惠州地理风貌韵味，又助力公益宣传，传播了惠州地域文化特色。

位于惠州平潭机场路口的另一处景观雕塑（图3.8-8），以惠州的别称"鹅城"为灵感，整体造型以鹅的形态为设计概念，身姿婀娜，颈长而弯，底座辅以水波涟漪，尽展其动态、升腾之美。

图3.8-5　天府国际机场

图3.8-6　天府国际机场夜景

图3.8-7　惠州白云前高速出入口山水雕塑

图3.8-8　惠州平潭机场T字路口天鹅雕塑

2. 保护历史文化资源，彰显城市时代韵味

城市门户伴随着城市的诞生而出现，在城市漫长的发展演变史

里，城市门户的区域位置也在不断变化。它们是城市历史发展的轨迹和留存的记忆，在对这些城市门户改造提升时，要充分考虑其所蕴含的丰厚的文化内涵和精神，将历史变成符号、标志内化于城市门户空间中，串联起各个要素，体现城市文化内涵，彰显时代韵味。

例如，始建于1899年的青岛火车站（图3.8-9），至今已有百年历史。在多次重建、扩建、改造中，仍保留着原来的建筑风格与特色。主楼的立面设计采用了文艺复兴风格，屋面采用局部变坡的形式，设计有三处天窗，屋顶覆盖中国传统的黄绿杂色琉璃瓦。候车厅的东南转角，矗立一座约35m高欧式风格的报时钟楼。高大的装饰山墙，突出了东立面拱券式主入口，门洞上设有竖向条状窗户，山墙、窗边、门边以及塔顶均用花岗石砌筑装饰。历经了一个多世纪的风雨变迁，在青岛市政府和市民们的保护下，青岛火车站已成为青岛市的标志建筑之一。乘坐火车来到青岛的游客，第一眼看到的风景，便是这座独具异域风情的火车站。

3. 结合城市原有的地形地貌，提升绿化生态美

生态文明建设是"五位一体"总体布局和"四个全面"战略布局

图3.8-9　青岛火车站

的重要内容，党的二十大提出"坚持绿水青山就是金山银山的理念，坚持山水林田湖草沙一体化保护和系统治理，生态文明制度体系更加健全，生态环境保护发生历史性、转折性、全局性变化。"尽可能地保持原有的生态，不仅是城市门户建设落实生态文明建设的重点，也是展现城市生态魅力的重要手段。城市门户大都位于城郊接合区，景观绿化建设可以考虑将城市郊区自然生态的山体树木、野地绿植有机地嵌入城市内部，城郊互补，以自然生态可持续发展的理念合理规划景观绿化。

例如，杭州市桐庐县迎春南路入城口改造项目（图3.8-10），以"山水江南，诗意桐庐"为立意，充分考虑到对周边山体的保护、景观区域的留白和建筑形体的塑造，融合桐庐自然生态之美、历史人文之美和现代科技之美，与整体城市界面高度契合。入口两侧背靠大奇山，使其呈指状嵌入城市，徐徐延伸处，是纵深的山体公园。远看，山影憧憧；近看，郁郁葱葱，富春江和大奇山之山水符号嵌入其中。在完美保留桐庐的山水基底，挖掘山水文化内涵的同时，结合道路两旁自然山体、植被特点，更换新的草皮，适当种植月季、绣球等花卉，进一步优化植物配置，加强了景观的层次感和立体感。

图3.8-10　桐庐县迎春南路入城口

第四章

微观视角下的城市视觉要素的美学再造

[4.1]

建筑立面缔造建筑和空间美

建筑立面是城市建筑最直观的美学展现,其表达受到地域、文化、材料以及建设技术的影响。色彩、线条、节奏等建筑立面细部处理与风格、材质的相互融合,形成个性与灵动的有序组织,让城市在岁月更迭中发酵出独特的质感,更加明耀动人。

4.1.1 建筑立面与城市美学的关系

建筑立面是建筑的围护结构,是城市空间环境中的第一展示界面。其独特的个性,让城市充满生机。同时建筑立面也是夜景照明、户外广告、户外招牌等城市视觉元素的载体,通过色彩、材质、风格的表现,在不同的空间形态中呈现出不同的美学形象。

1. 建筑立面是城市美学的一种独特表达

建筑立面外观呈现出的强烈地域特征离不开当地的环境条件,它是地理气候、材料技术、经济条件、生产生活方式等因素共同作用到建筑上的结果。这些建筑立面所形成的街道景观,展现了不同地域特色的建筑形态、色彩偏好、材料使用等的美学风貌(图4.1-1)。

图4.1-1 拉卜楞寺和福建省土楼

2. 建筑立面是城市文化特质的体现

建筑立面是城市文化的表现界面，也是形成别具一格城市品牌形象的关键。例如，北京故宫，使用红墙、黄瓦、青砖、朱门、浮雕、彩绘等传统建筑结构样式，强调建筑恢弘气势，形成与众不同的文化标识（图4.1-2）。

图4.1-2　俯瞰下的故宫

3. 建筑立面调动了城市空间的积极性

垂直空间的建筑立面组合成片，成为城市最主要的视觉界面。作为街道空间中的活力主体之一，建筑立面的视觉形态对人的心理会产生很大的影响。行走在街道上，两侧建筑立面形成的空间形态、尺度比例，会形成或开朗或压抑的氛围。建筑立面和街道空间形成的良性关系，有助于调动空间的积极性，对城市的总体景观产生重要影响（图4.1-3）。

图4.1-3　建筑与街道

4.1.2 建筑立面塑造的美学原则

1. 色彩关系和谐

建筑立面色彩作为城市环境的重要组成部分，是一个城市整体风貌、历史文化、地域特色的综合体现，是城市美学界面的直观识别系统（图4.1-4）。在建筑立面设计中，色彩不仅能突出建筑立面的肌理，丰富建筑的外表，还有助于表达建筑的空间感与文化感。从美学层面看，建筑立面色彩应该适应城市的气候与地理特点，与区域的自然环境相吻合，符合城市整体形象定位，具有鲜明的美学特征。

图4.1-4　海边红房子

2. 构建比例均衡

随着现代艺术的不断发展，艺术形式日渐多元化，建筑立面构建的形式和手法出现了很多变化，但比例均衡，始终是建筑立面设计的重点考量方面。比例尺度均衡是建筑立面设计的基本原则，它通过立面结构的合理搭配，点、线、面等元素的应用，呈现出建筑界面的连续性，形成具有艺术美感的立面效果（图4.1-5）。均衡的比例关系能够给人的生活和工作带来和谐、舒适、完美的感受。

图4.1-5 民居

3. 体现空间韵律感

空间韵律感是建筑立面通过有组织的变化和有规律的重复带给人的韵律感和视觉冲击力。利用体量大小的变化、结构之间的错落起伏产生连续和重复、有组织地排列，所带来的韵律感，会给人以美的享受（图4.1-6）。

4. 风格多样与统一

建筑作为城市文化载体，不同的地域文化也给建筑的立面带来截

图4.1-6 建筑的空间韵律感

然不同的美学影响。比如我国的藏地建筑、岭南的客家建筑，多元文化元素的运用，使建筑立面的多样性得到了极大的丰富。此外，科技的进步，新材料和新工艺的出现，使建筑立面的设计有了更大的发挥空间，设计不再受限于传统，而有了更多张扬个性的机会。但是，在设计中也要避免过于跳脱，破坏空间整体美感的情况发生，让城市空间既丰富多彩又和谐统一。

4.1.3 建筑立面美学实践

与其他视觉景观界面相比，建筑立面在城市中的体量大，存在的时间长，对其他艺术形态有极大的包容性，这为建筑立面的美学实践，提供了广阔的空间。

1. 居住型建筑的立面

居住型建筑是人们最熟悉的建筑类型，在城市建筑体系中占据着主体地位，它不仅是居民生活的一部分，也是城市环境的重要组成部分。居住型建筑立面设计和改造需要尊重区域文化和历史传统，体现不同民族生活方式的风格和特点，符合城市上位规划要求，在尺度、色彩等方面进行总体控制。

例如，淄博市华光路沿街居住建筑立面改造（图4.1-7），通过

图4.1-7　城市的文化传统

对城市历史的深度挖掘和应用，打造出属于淄博城市风情的居住立面。通过对传统色彩、纹样、组织形态等要素进行再创造，赋予建筑立面独特的节奏与韵律，体现了城市的文化内涵和审美特征。

2. 商业型建筑的立面

商业型建筑是城市建筑的重要组成部分，城市的繁荣带来了商业的需求，同时蓬勃发展的商业对城市也至关重要。商业型建筑立面的个性化表现形式，丰富了建筑语汇，打破了原有的单调，使建筑立面空间更多元、更有活力和趣味。

例如，淄博市柳泉路美学提升案例。改造后的街区商业型建筑立面，利用色彩的合理搭配，很好地控制了界面气氛和与周围环境、城市景观的协调统一，凸显出街区氛围。广告位融合在整体立面设计中，根据建筑本身的结构，结合立面创意，艺术、科学地设置，改变了原本生硬的铺贴，营造出浓厚的商业氛围，满足立面的标识性及展示功能，达到对建筑本身和入驻业态的宣传作用。利用虚实关系使空间、表面、材质之间自然结合，同时新材料的运用增强了建筑立面的表现效果，也彰显了艺术与技术相结合的精神内涵（图4.1-8）。

图4.1-8 建筑立面

3. 公共建筑的立面

公共建筑是城市中为大众服务的建筑物，是市民生活的重要场所和城市空间的关键性节点，它从侧面反映了一个城市的审美水平、经济文化状况，代表了城市发展的现代化程度。

公共建筑的立面通过建筑外墙、结构等内容的组合，以最直观的方式体现建筑的基本特点。在满足基本使用功能的基础上，还应体现城市的文化底蕴。公共建筑作为城市文化符号的有机组成部分，通过将城市特色元素融入立面设计中，来展现城市的精神风貌，传播城市价值。例如，上海世博会的中国馆建筑外立面，采用了中国传统文化中的"斗拱""中国结"等符号作为设计元素，通过重组再造，使建筑形象在继承民族传统审美的基础上体现出鲜明的时代感，从而引起大家的强烈共鸣（图4.1-9）。

图4.1-9　中国馆夜景

[4.2] 户外广告的价值再创造

进入一座城市，户外广告的身影总能在第一时间出现在人们的视野中，它们遍布在街道、广场、商厦等城市的各个角落，有机地融入城市景观中，以润物细无声的方式服务生活，提升着城市的美感与价值。

4.2.1 户外广告的定义和发展过程

户外广告是在建筑物外表或街道、广场等室外公共场所设立的昭示设施。户外广告作为视觉审美的一种具象表达，是城市外部环境系统的重要组成部分，是城市历史文脉演进的沉淀和商品经济发展的体现，也是现代城市设计、城市建设的必然产物（图4.2-1）。

户外广告发展经历了几个阶段（图4.2-2）。第一阶段主要在2000年以前，由于当时户外广告缺乏规划和相关法规条例的约束，所以设置比较随意。有的城市甚至在一个高速入口放置了几十块大小不一、形式各异的单立柱广告，形成了"高立柱森林"的现象。第二阶段是北京奥运会及上海世界博览会等大型国际活动之前，当时的户外广告行业占国内生产总值的比例不高，产生的视觉影响问题却很多。于是很多城市开始了专项治理，但是由于规划缺位，整治工作给执法者和从业者都带来了不小的困难。此后，相关主管部门逐渐认识"一刀切"的执法方式，对行业和城市带来了负面影响。因此，在第三阶段，开始尝试通过合理规划来推动行业的有序发展。与此同时，相关法律法规日臻完善，管理部门的管理水平和整个行业的自律能力也在逐步提升，大家开始努力探索户外广告新的发展模式和方法。2010年之后，一些城市开始进入发展的第四阶段。通过规划引领、专业设计、科学管理，户外广告对城市形象的视觉影响由消极逐渐变得积极。编制专门的户外广告规划，统筹兼顾控制性、实操性、前瞻性、创新性，同时作为后续拍卖、审批、实施的指导性文件，多层次全方位地开展管理工作。

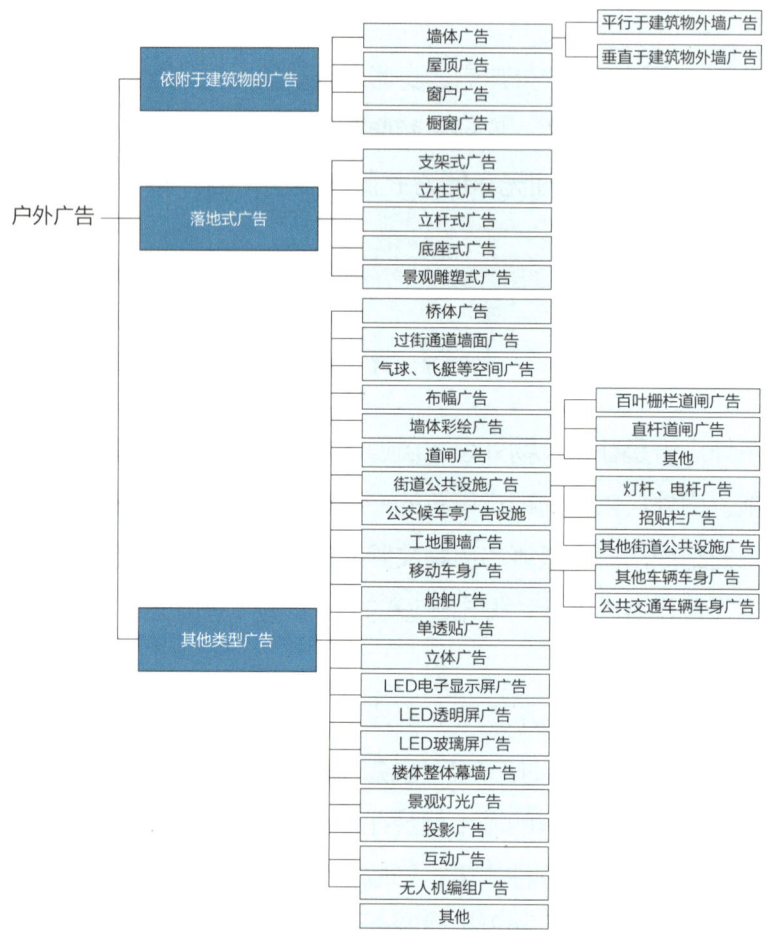

图4.2-1 户外广告分类

图4.2-2 户外广告的发展

4.2.2 户外广告在城市化进程中存在的美学问题

1. 破坏城市视觉界面的美感

户外广告超出了合理的数量会导致视觉混乱，使人感到不适、城市显得拥挤，城市的美感和整体形象也会受到损害（图4.2-3）。户外广告设计不当也会影响城市视觉环境，过于刺眼的颜色或过于巨大的尺寸，使广告与周围环境产生冲突，破坏了街区空间的整体美感。此外，一些户外广告的画面音乐或广告词，产生的噪声会干扰人们的生活和工作。设置不合理的户外广告还会挡住人们的视线或光线，影响周围环境的光照和通风状况。

2. 对城市形象产生消极影响

户外广告的主题与城市形象不协调、造型与街区景观冲突、广告内容过度商业化等，这些问题都会在一定程度上影响到城市的整体形象（图4.2-4）。

3. 影响建筑美感

建筑立面是城市景观的主要组成部分之一，而广告牌通常会被安装在建筑立面上。如果在建筑立面上设置了过多的广告牌，就会破坏

图4.2-3 影响城市美观的户外广告

图4.2-4 户外广告对城市的消极影响

建筑的整体比例和平衡，使建筑失去美感。同时，广告牌的尺寸、形状、位置、色彩、字体等因素也会和建筑本身的造型产生冲突，影响建筑的空间感（图4.2-5）。

图4.2-5　户外广告破坏建筑美感

4.2.3　户外广告美学实践

1. 新材料、新技术的应用

户外广告作为传统的广告形式，随着技术的变革、市场环境的改变、消费模式的变化和商业行为的改进而不断的发展。从喷绘到三面翻、从霓虹灯到LED，每一次技术的更新成果都被快速地应用到户外广告的设计中。合理地运用科技手段能提升广告的趣味性和吸引力，甚至衍生出全新的广告类型。面部识别、热感应、AR增强现实、裸眼3D、LED旋转屏、LED波浪屏、全息投影等新技术的落地应用，使户外广告向着数字化、景观化、可视化、多元化的方向发展。

以淄博尚美第三城为例，主入口由5块LED屏幕及一处数字多媒体雕塑组成（图4.2-6）。主画面为裸眼3D屏幕，将具有淄博特色的山水画绘制于屏幕表面，解决了白天息屏状态下视觉差的问题。夜晚，绚丽的光效动画、精彩的陶瓷制作工艺广告穿插播放，呈现出梦幻般效果，吸引市民游客驻足拍照。

图4.2-6 尚美第三城裸眼3D广告图

2. 主题场景营造

从传统展板平面广告、沉浸式互动广告到虚拟空间广告，户外广告美学实践的最终目标就是实现视觉环境的营造，增强广告传播的经济价值和社会价值。

（1）将户外广告展示与城市公共服务设施、商业零售等相结合，在满足公众需求的同时进行广告宣传。例如，时尚店铺橱窗广告，通过设置不遮挡视线的玻璃展示橱窗和不同颜色的LED灯（图4.2-7），陈列精美商品。配以灯光，增加道路亮化。其有趣的设计和美陈艺术，使街道成为一道靓丽的城市风景线。

图4.2-7 橱窗广告

（2）通过多重手段实现户外广告设施与环境融合，广告设施可以作为环境点缀或景观小品。如惠州白云前高速出入口及机场T字路

图4.2-8 惠州"山水""白天鹅"户外广告设计

口的户外广告设计(图4.2-8),通过挖掘惠州山水、产业、地域特色,引入山峦、天鹅等符号,融合大地艺术、景观绿化、实物模型等,打造出一批符合区域定位的落地景观户外广告,塑造出个性化的区域形象。

(3)可使用、可互动的户外广告设施,在互动参与中可使人们强化品牌认知,提升好感度。如雀巢旗下的宠物营养品牌普瑞纳(Purina),在法国街头设置了一系列可以给狗狗做尿检的广告牌装置(图4.2-9),屏幕会显示检验结果。这个快捷的尿检广告牌不仅提醒养狗人要注意宠物的健康,还可以根据它们的健康情况推荐合适的营养食品,可谓一举两得。

(4)通过三维技术与现实环境融合,营造虚拟现实场景,提供现实世界和虚拟世界交互的数字生活体验。如在成都中海环宇坊UNIFUN,方形的建筑体块在多媒体外立面的加持下,成为巨大的数字媒介平台(图4.2-10)。广告装置通过精心设计的预制铝板与内嵌LED灯条的组合,形成高分辨率的动态图像播放平台,用以增添游戏、广告、数字媒体艺术等诸多内容。同时也可以通过二维码扫描,将真实的环境和互联网联结起来,形成线上线下交互体验,为社交创造新的话题。

图4.2-9 互动广告装置

图4.2-10 立面上的二维码

3. 城市景观的有机组成部分

户外广告是展示城市风貌、彰显城市文化、构建城市视觉系统的重要组成部分。在城市的发展过程中，户外广告投放不单单是一种商业行为，还能一定程度上转变人们的生活方式与行为习惯。通过创新性的内容设计，塑造城市形象，提升城市品位。并作为一种艺术形式装点和诠释城市，成为提升城市景观风貌的推动力，使其自身也成为城市景观的一部分。

（1）户外广告常常出现在城市的商业中心、交通枢纽等场所，成为城市文化向外输出的一种重要方式。它承载城市的地域特色，在一定程度上体现了城市的精神内涵，对城市的经济和文化发展有着极大的促进作用。

如厦门机场进入主城区重要道路节点的户外广告（图4.2-11），以厦门市鸟"鹭鸟"为设计元素，对立柱广告进行改造，形成白鹭展翼的意象，展示了城市奋进腾飞的活力与开放包容的精神。

（2）受到不同城市特色文化的影响，户外广告在进行内容设计时，往往会与当地的历史文化、风土人情、自然环境特点相融合，从而体现出不同的城市特质。同时，一座城市的精神风貌也对户外广告的发展造成影响。如位于西藏拉萨的"珠峰之巅"景观媒体（图4.2-12），整个景观造型以雪峰为设计元素，巍峨高耸的"雪山"洁白纯净，广告位融入珠穆朗玛峰伟岸的轮廓中，彰显了世界屋脊的地貌特点。广告牌绚丽的颜色作为点缀，活跃了造型色彩氛围，烘托出"雪山"的神圣与纯洁，给予人们强烈的视觉冲击力和感染力。

图4.2-11 厦门市鸟白鹭为主题的设计

（3）近年来，信息技术的发展使得户外广告的表现形式更加丰富多彩。数字化媒体的出现，转变了传统广告宣传的单向输出方式，户外媒体与新媒体的融合，带来多元化的用户体验，原本以静态形式存在的户外广告，逐渐转变为具备视听体验的多媒体显示屏，视觉效果更直观、生动。

图4.2-12 珠峰之巅

如在瑞典，连锁药店Apotek Hjartat在街头设置了一个会发出咳嗽声音的数码广告屏（图4.2-13）。通过在广告牌上安装一个烟雾感应装置，一旦有吸烟的路人走过，烟雾感应器接收到烟雾，画面中的人物开始咳嗽并播放出声音。药店通过这种广告形式增强受众与广告的交互式体验。广告在这里已经不再是单纯的传递信息，而是通过给受众带来生动有趣的记忆，达到品牌宣传的效果，吸引人们进店消费。

图4.2-13 能出发声音的户外广告

[4.3]

户外招牌成就街区个性空间

熙熙攘攘的人群，生机勃勃的市井生活。在城市的街头巷尾，户外招牌的身影随处可见。它们与风景交相呼应，将城市文化植入人们心中，于无声中诉说着生活的精彩纷呈。

4.3.1 户外招牌的概念和发展

户外招牌是指在办公场所或者经营场所的建（构）筑物及其附属设施上，设置的用于表明单位名称、建筑名称、字号、商号的各类标识、匾额、标牌等（图4.3-1）。

户外招牌是城市视觉系统的重要组成部分，其设计和管理在一定

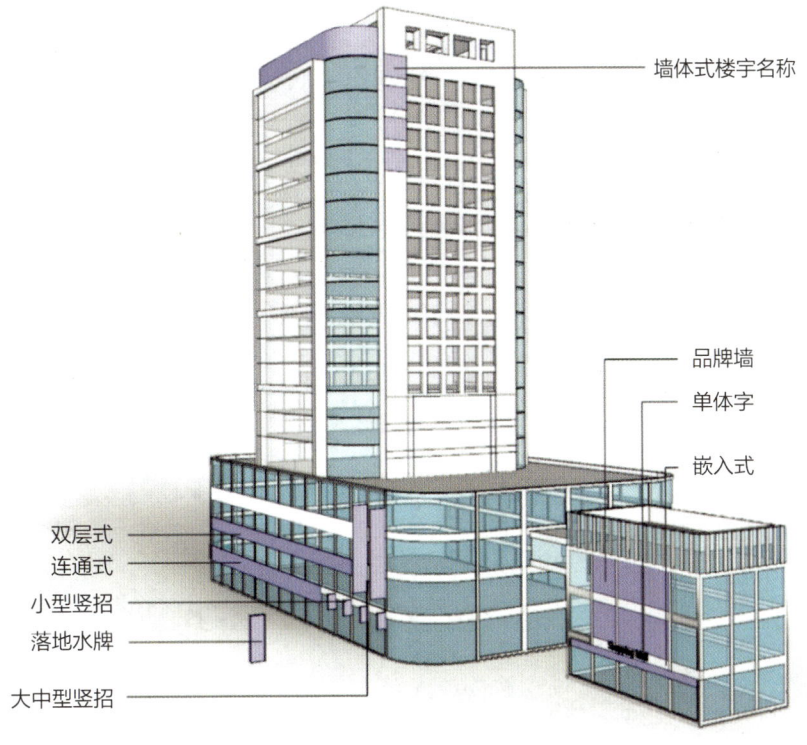

图4.3-1 户外招牌设置

程度上反映着一座城市的价值观和发展观,体现一座城市管理的理念和能力。户外招牌向消费者传递信息,完善城市服务功能,传播城市品牌形象。在城市化进程加快的今天,户外招牌是塑造商业特色和提升城市价值的重要手段。

我国户外招牌出现的很早,从北宋张择端的《清明上河图》上看到户外招牌最初的模样(图4.3-2)。当时,店家使用招幌招揽生意,材质以木刻和布艺为主。

随着近现代商业的空前发展,经营者开始利用各种类型的材料,通过技术手段制成户外招牌来对外标示名称,吸引顾客。形式不一的各类招牌如雨后春笋般出现在城市的大街小巷,品质良莠不齐,于是很多城市开始了户外招牌的治理。曾经有的城市户外招牌管理以齐为美,出现了"一刀切"的情况,改造效果千篇一律,丢失了商业特色(图4.3-3)。有些城市推出了统一底板和文字的户外招牌设置方案,

图4.3-2 《清明上河图》局部

图4.3-3　千篇一律的户外招牌设计

从实际效果来看，这种方案无法展现出品牌特性，单调刻板，视觉效果差，受到很多市民和从业者的诟病。

目前，户外招牌发展已经进入3.0时代。在这个阶段，人们逐渐认识到城市美学对城市视觉系统构建的重要作用（图4.3-4）。设计单位遵循规划先行、设计主导的原则，努力在城市共性和商

图4.3-4　户外招牌设计

家个性之间寻找契合点。通过创新创意的设计，使户外招牌形象千姿百态，在规范有序的基础上营造城市的"烟火气"和"多元美"；让每一块独立的招牌，成为空间的一部分，共同打造街区美。通过对不同业态的美学引导，在满足民生刚需的同时，也树立了城市的审美标杆。

4.3.2　城市化进程中存在的视觉问题

1. 选址不当挤压城市公共空间

一些商业建筑外立面被用作了大型户外招牌的展示空间，破坏了建筑本身的肌理和美感，导致建筑外立面和城市的整体视觉环境不协调。另外，部分户外招牌的安装也会占用人行道、绿化带等公共空间，造成交通混乱和公共设施使用受限。

2. 布设比例失衡导致视觉界面混乱

首先，部分城市户外招牌数量过多，影响了城市的视觉效果，带来了不适和压迫感。其次，有的户外招牌的风格、色彩与城市环境不协调，影响城市的整体形象。比如在历史街区中，出现大量尺幅巨大、色彩饱和度过高的户外招牌，和区域形象定位产生冲突，造成视觉界面的混乱。

因此，在规划和管理户外招牌时，需要注重平衡城市风貌和商业需求之间的关系。合理规划布局，平衡户外招牌的数量，注重设计与制作，结合自身实际、区域特色实施管理，有利于营造多元、高品质、有特色的市容环境（图4.3-5）。

3. 单体设计不合理影响城市形象

户外招牌设计过于夸张，甚至违反规划、建筑设计要求，使用刺眼、眩目的灯光，造成光污染，甚至影响居民的休息和健康（图4.3-6）。这些问题通过视觉一体化设计解决，使户外招牌契合建筑、融入景观，成为街区美学和谐的组成部分。

图4.3-5　视觉混乱的户外招牌　　　　图4.3-6　设计夸张的户外招牌

4.3.3 户外招牌遵循的美学原则

1. 一街一风格

城市的每一条街道都有自己的特色和定位，因此户外招牌的设计应该遵循道路及区域的风貌特色（图4.3-7）。在历史悠久的老街中，户外招牌需要体现出对历史文化的传承和发扬；而在繁华的商业街区，则应该突出商业和活力氛围（图4.3-8）。在遵循建筑风格的前提下，兼顾城市居民的感受和需求，注重个性化表达，充分考虑建筑风格、色彩、材质和造型等因素，使户外招牌与建筑风格协调统一。在科学规划、合理设计的框架下，一街一风格的户外招牌成为城市形象的美学诠释。

图4.3-7 户外招牌设计原则

图4.3-8 一街一风格的户外招牌设计

2. 一楼一标准

一楼一标准体现了丰富而多元的城市审美，是衡量一座城市开放度、包容度乃至创造活力的指标，也是提升营商环境的一部分（图4.3-9）。户外招牌设置应当满足城市规划要求，和建筑风格、色彩、特征和谐统一，通过美学塑造可以进一步优化公共空间品质、塑造城乡特色风貌，让人们感受城市的细节之美，感受城市海纳百川的精神之美。具体设置看，户外招牌的体积、规格应与所附着的建筑物大小，相邻招牌的高度、形式、造型、规格、色彩等和谐统一；同一建筑楼体（含相连建筑楼体）层面，户外招牌的规格与平面，原则上应尺寸统一、造型协调，上下沿和外立面应平齐，根据外墙现状设定最佳比例；户外招牌适宜依附建筑物墙面平行、横向连续设置，每层设置一排，不能重叠；户外招牌的设置，不能改变建筑外立面，不能遮挡建筑原有的立面细部和破坏原有建筑的分隔立面效果，可以采取点线搭配实现总体平衡。

图4.3-9 一楼一标准的户外招牌设计

3. 一牌一特色

城市中每家店铺的历史传承、风格定位、经营理念等都不一样。一牌一特色的设计理念，能够帮助商家更好地展示自身的特色和品牌形象，让消费者更容易识别和产生记忆，提高市场竞争力。户外招牌设计需要考虑色彩、造型、材质、图形、版式、灯光等因素（图4.3-10）。设计中，图形通常放在视觉中心位置，从而有效地吸引观者的注意。色彩是视觉感官所能感知到的最敏感的要素，不同的色彩给人的心理刺激是不同的，调配运用得当，就能起到画龙点睛的作用。一般说，一个店面招牌颜色最好不要超过3种色相，配色比例往往遵循70∶25∶5，其中的70%为主色，25%为辅助色，5%为点缀色（图4.3-11）。

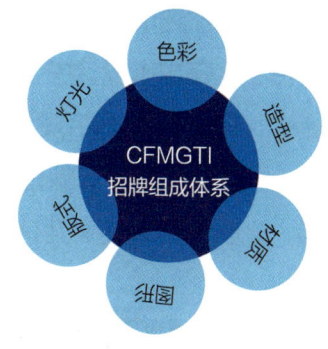

图4.3-10　户外招牌设计要素体系

图4.3-11　色彩搭配

4.3.4　户外招牌的美学实践

户外招牌是城市商业属性最直接的宣传载体，也是一个时代的印记。户外招牌宣传的不仅是广告，更是生活，是一座城市的故事。淄博作为中国历史文化名城，拥有丰富的文化遗存。重点街区的户外招牌设计结合了城市文化定位，从自然和人文历史中挖掘元素符号，提供了独特的城市美学价值。

设计重点考虑了以下几个方面：

1. 色彩系统

由自然环境与人文历史积淀形成的城市色彩，具有文化传承性和独特性，在城市设计中，应尽量保持其传统色调。淄博视觉一体化设计中，户外招牌配合建筑立面的设计，从泰山、淄水中提取色彩元素（图4.3-12），既保留了自然环境的原生色彩美感，又彰显齐风古韵，让自然和人文高度有机融合起来，使设计具有超高辨识度。

图4.3-12　色彩提炼

2. 从城市历史文化中提取设计元素

整体设计以"齐风气韵为笔，陶色图腾为墨"（图4.3-13），提炼衍化春秋战国时期齐国陶器及服饰纹样，通过各种形态的转换变化，为齐文化赋予新的内涵。户外招牌采用菱纹、彩绘、小篆体

图4.3-13　汉字"齐"的变形

字符元素将陶韵、齐风与设计相结合,让传统在细微处焕发新生(图4.3-14)。

3. 和街区空间协调统一

户外招牌是活泼生动的城市人文符号,是城市最具活力和特色的地方,是城市美学的重要组成部分。设计在充分结合周边区域风貌特点和商铺经营特色的基础上,对整体门头统筹考虑,将外立面与招牌融合设计,强调建筑本身的美感。改造后的招牌体量适宜,所用材料和建筑物材质相近,相互协调(图4.3-15)。设计尽量在城市共性和商家个性之间找到契合点,让每一个街道承载人们的记忆,每一扇橱窗折射城市的生机,每一块牌匾都诉说自己的故事,为城市增添活力和魅力。

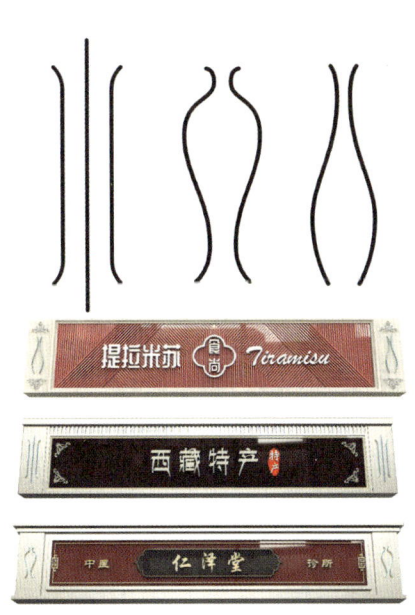

图4.3-14 以"陶"为设计元素　　图4.3-15 淄博户外招牌

[4.4]

城市设施点亮公共空间

一张座椅、一个路牌、一座雕塑、一盏路灯……这些城市设施装点着公共空间，服务民众，承载文化。作为城市公共空间的重要组成元素，城市设施有着不可或缺的地位和价值。

保证城市社会生产和生活正常运转的设施总称为城市设施，本章节主要从城市家具、导视系统、公共艺术三部分阐述。

4.4.1　城市家具的美学理念与实践

1. 城市家具的概念与发展

作为生活中触手可及的公共设施，城市家具蕴含了人们对城市生活的憧憬和向往，诠释了人们渴望把城市变得像自己家一样和谐整洁、舒适温暖。

其历史最早可追溯到古罗马时期美索不达米亚城邦里出现的城市小品（Mobilia Urbana），在人类社会的演进过程中占有着重要地位，但真正意义上的城市家具概念直到1960年才开始普及。

工业革命后，城市逐渐具备了一些现代城市的功能，比如公共照明、公共交通以及公共卫生设施等，这使得城市家具门类和数目都大大增加。20世纪30年代，现代设计浪潮兴起，简洁实用和功能主义成为西方城市空间设计的核心。第二次世界大战后，城市家具设计更注重人性化、生活感和休闲功能。发展至现代，人文关怀、功能复合、智能环保成为城市家具的发展理念，重塑传统城市空间的性格，是提升城市活力的重要途径。在城市化进程中，城市家具设置仍存在设置体系不完善，缺乏艺术审美、多元关怀等问题。

第四章 微观视角下的城市视觉要素的美学再造

2015年12月31日，中共中央、国务院发布的《关于深入推进城市执法体制改革改进城市管理工作的指导意见》第十八条中提出"规范报刊亭、公交候车亭等'城市家具'设置，加强户外广告、门店牌匾设置管理。"自此，城市家具成为城市建设和管理的内容之一。

2. 城市家具美学构建

（1）系统美

城市家具在城市空间中分布广泛、数量繁多、种类庞杂。由于分管、建设部门不同，缺乏系统的规划建设等原因，造成同一街区，垃圾桶种类不一，路灯样式各异等问题。

完整构建城市家具系统需要从规划、设计、建设、运维四个方面去综合实施。首先，规划需要针对不同的需求，结合空间属性综合考虑设置种类，规范布设间距，力求做到"不重复、不缺失、不多余"。其次，在设计阶段，需要通过将城市美学和具象化的设计要素相联系，提升街区品质与温度。最后，建设和运维阶段要确保设计效果的充分还原、落地，并使其长久保持最佳使用状态。

（2）文化美

城市文化承载着城市发展的印记，是一个城市的精神内核。城市家具将文化融入日常生活，潜移默化地影响着人们对城市的认知。设计师挖掘城市历史文化、人文风物、特色民俗等元素，利用艺术创作手法凝练、衍化，运用于城市家具的造型、色彩、材质等要素，形成城市专属的文化符号，使城市文化真正地"活起来，传下去"。

（3）人文美

对于城市家具而言，人的需求始终是基础考量。城市家具设计要符合人体工程学要求，满足居民日常生活需求，体现使用的安全性、舒适性、便捷性和可持续性，注重全人群、全年龄的人文关怀，在细微处满足人们对美好生活的期待和向往。

（4）活力美

城市家具作为连接人与人、人与空间的交流媒介而被广泛使用在城市的各个角落。在城市一些特色空间，通过增设趣味性、互动性功能的城市家具，拉近户外空间与市民的距离，增强了公共空间的使用频率和密度，进而提升了街区活力。

3. 城市家具美学实践

（1）淄博市城市家具美学提升案例

柳泉路是淄博市一条重要道路，原有城市家具缺乏统筹设计，各组成元素之间缺乏关联性，设计缺乏美学思维，部分设施无法匹配更高品质的环境需求。

设计以齐鲁文脉为源点，结合淄博历史文化及产业特色，以"陶琉"作为概念，提炼流动的曲线，对不同的城市家具进行造型设计。色彩上利用"齐鲁黛"、"淡松烟"两种沉稳且饱含韵律的颜色，诠释"三千年泱泱齐风，八百载海内名都"的城市风貌。公交站、垃圾箱、座椅、景观灯、交通护栏等设施在材质、颜色、布设等方面统筹设计，配合沿街建筑立面、夜景照明等多种因素，打造连贯的城市视觉体系（图4.4-1）。

设计注重城市家具的使用功能，有效地提升了人们的使用体验。比如公交站考虑到实际需求、场地空间、人车流量等因素，将规格分

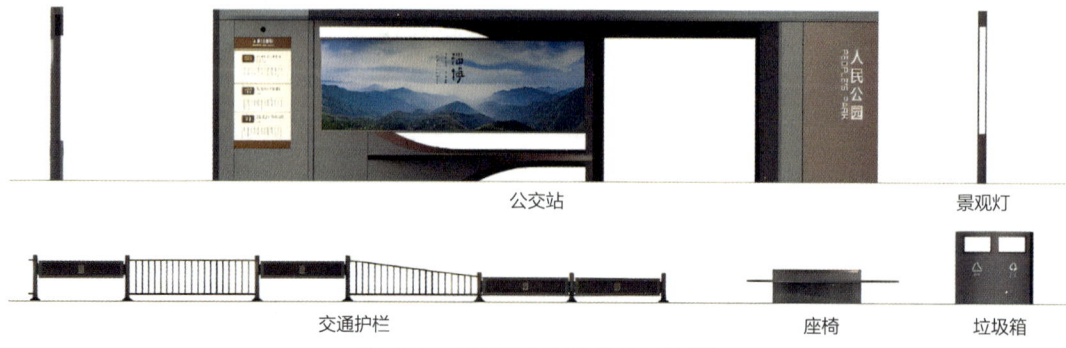

图4.4-1　淄博柳泉路城市家具系统设计

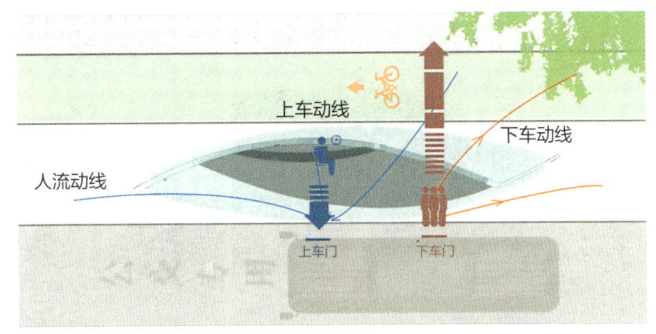

图4.4-2　淄博柳泉路公交站人流动线

为大、中、小型三种，因地制宜，满足不同的需求（图4.4-2）。同时采用半封闭结构，弧形将座椅及候车空间与后方非机动车道隔离，避免后方非机动车行驶造成的扬尘水渍。根据人流动线，将候车人群及下车人流分流，避免出现人流冲突。站名信息设置更加醒目，正反两侧显示大尺寸站名信息，增加夜光源。

（2）南京苏源大道整体提升案例

苏源大道位于"南京市发展金轴"之上，是南京市高新技术和城市经济的发展核心之一。城市家具设计采用"开放无界，无限可能"作为基本概念，以莫比乌斯环为设计元素，色彩设计以白色为基底，点缀橙色，为街区带来活跃的视觉感受（图4.4-3）。公交站、景观灯、导视、垃圾桶、路名牌等设施根据现场景观环境统一设计（图4.4-4）。同时，公交站配备预报站系统、雾森系统、AED急救设备、一键报警、USB充电插孔、加热座椅等便民等智慧功能，极大提升了公共空间的综合品质（图4.4-5）。

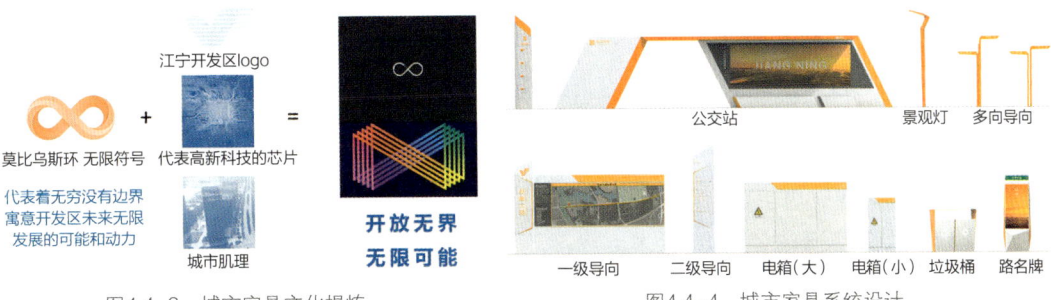

图4.4-3　城市家具文化提炼　　　　图4.4-4　城市家具系统设计

图4.4-5　南京苏源大道城市家具系统实景

4.4.2　导视系统的美学理念和实践

导视系统能帮助人们在陌生空间中确定信息、熟悉周围空间环境、找寻目的地……清晰完善的导视系统，在越来越复杂的城市空间环境中发挥了重要作用。

1. 导视系统的概念

城市导视系统是运用城市地标、标识、路径和环境等各种信息媒介，帮助人们快速找到并使用具体空间的信息传达系统。它是结合环境与人之间的关系而建立的信息界面系统，传达的主要内容是空间信息。城市导视系统设计跨越了建筑学、信息学、符号学、人体工程学等学科，以及平面设计、工业设计、环境设计、城市设计等专业。

把城市导视系统设计简单理解为路边标牌的制作与设置，实际上是一个认识误区。首先城市导视系统设计需要完善的规划和引领。如一些开发建设比较早的地区，后期的临时增补就造成了系统的散乱、随意。城市更新促进城市空间环境在不断地发生着变化，城市导视系统却没有随之变动，造成了与城市发展的脱节。其次，需要考虑城市审美、人文关怀及运维管理等需求。

2. 导视系统的整体美塑造

（1）全面系统的规划

从城市空间的角度全面系统性地理解城市空间导视，关键在于充分理解受众的需求，根据需求来确定信息应该排列的次序和呈现的方式，合理设置路径和交通行进方向。例如，根据交通方式确定车行和人行导视系统，根据受众数量确定导视系统的数量，根据空间位置确定快、慢行导视系统等。

（2）准确合理的设置

导视的基本功能就是为人们传达准确信息，帮助人们理解环境和选择正确行为。因此，在设计时必须做到数据正确、比例合理、方位准确及用词确切。由于人的流动方向具有不确定性特征，而信息的显示又容易受到建筑高度、路灯、行道树等因素影响，很难保证每个方向过来的人都能及时有效地看到信息，因此，导视的节点选择就很重要。

（3）与景观环境协调融合

导视系统在城市整体景观的协调上具有关键作用。在城市街道空间设计中，使用统一的、有序的导视系统替代单纯的修补式改造，避免新旧导视叠加，信息识别困难，城市景观繁杂等问题。

（4）信息空间连续性

现代城市的商业区、交通集散地、旅游景点等人流密集的地方，导视信息之间，导视信息与商业广告、景观设施等其他城市视觉要素存在干扰。因此，提供连续的信息和统一的表现方式就很重要。避免信息相互干扰的有效方法就是做好信息层次的区分和空间的统合；明确导视信息的功能和分类，根据信息的种类和使用者的不同，将导视信息的安装位置、安装高度、安装距离按层次有效区分；各个次序的信息要素还要保持空间的连贯性，通过合理的区域规划，使视觉界面井然有序。

（5）兼顾无障碍设计

无障碍设计不仅仅是城市建设中增加盲道和残疾人坡道，也不仅仅是媒体视频中的手语和字幕，更重要的含义是平等参与社会的机会，提高特殊人群在公共空间的可介入性。目前，导视信息的无障碍设计主要是安装发声装置和特殊表面处理两种方式，通过听觉和触摸来传达导视信息。随着新媒体技术的进步，导视系统的无障碍设计未来一定会有更多样化的形式和应用手段。

3. 导视系统的本体美塑造

导视系统通过一系列的单体组合来实现其功能。本体设计通过对图形、文字、符号等元素的加工整合来实现信息传达、美化空间的目的。

导视色彩设计通过对城市文化中的色彩整理，制定出适合地域特点的色谱、色系，通过色彩构建空间环境，可以快速分辨空间里所需要的信息，加强空间信息传达的速度和准确性。

材质也是导视系统的重要组成元素，作为一种潜在的隐喻性语言，材质本身的特性决定了载体的形态和肌理，传达特定的心理意象，并且能直接体现城市的地域特色。金属、木材、石材是导视系统中常用的材料，具有可塑性强、纯朴自然、耐久等特点。同时，通过多种材料的搭配使用，也可获得丰富的视觉感受。

此外，在导视系统的设计中，文字的设计也是重要的一环，需要考虑不同环境下人群的移动速度和观察角度。实验证明，宋体字是静态近距离快速传达导视信息的最佳中文字体。而在快速行进的情况下，黑体字比宋体字更容易识别，信息传递效果更好，也更适合多角度阅读。

第四章 微观视角下的城市视觉要素的美学再造

4. 导视系统美学实践

（1）海口市导视系统美学提升案例

海口，别称"椰城"，整座城市椰树成荫，洋溢着浓浓的热带风情。其导视系统设计秉承着国际化、标准化、景观化、人性化、智慧化的设计原则，根据场地尺度、现场需求等因素，全面布点，系统把控。设计从路径、旅游景区（点）、慢行道、城市地标等几个方面，对主城区导视系统进行整体美学提升打造（图4.4-6）。

设计采用"海韵椰城，休闲港湾"的理念，提取了海口的骑楼、椰叶、风帆等元素，展现海口的活力动感、朝气蓬勃。艺术化的处理充分体现了当地的文化特色，带给人视觉上的艺术享受（图4.4-7、图4.4-8）。

图4.4-6　海口旅游景点导视系统

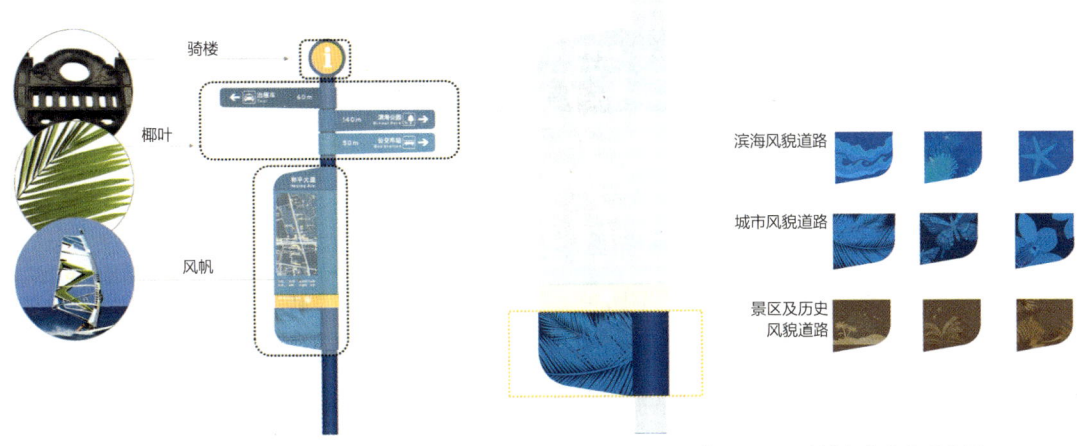

图4.4-7　海口导视系统城市文化造型应用　　图4.4-8　海口导视系统城市文化纹理应用

185

整体色彩从天空、大海、沙滩等自然颜色中提取出蔚蓝、金黄，融入周围环境，让人倍感亲切（图4.4-9）。色彩的提取使导视系统与城市整体风貌紧密相连，在宣传地区文化，展现人文关怀的同时打造属于海口的城市旅游品牌（图4.4-10）。

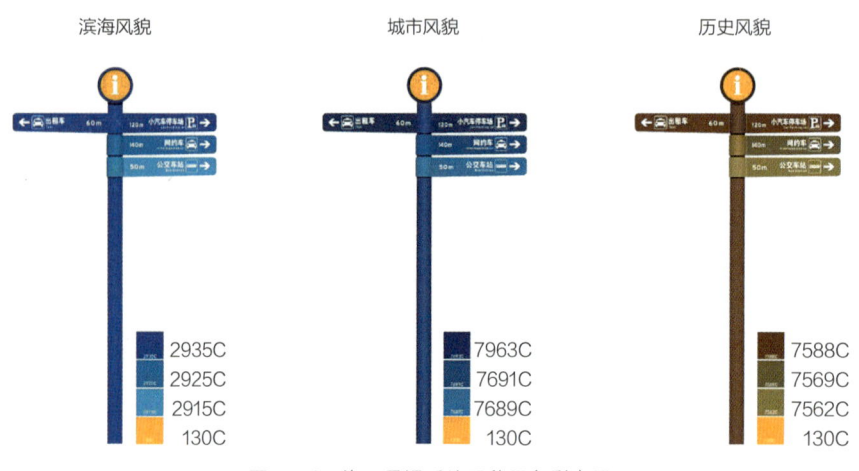

图4.4-9　海口导视系统风貌区色彩应用

图4.4-10　基础公共信息导视地图及信息界面设计

（2）汨罗屈子文化园导视系统美学提升案例

汨罗是"中国龙舟名城"、"中华诗词之乡"，被誉为"端午源头、龙舟故里、诗歌原乡"，历史文化底蕴深厚。汨罗屈子文化园坐落于屈子祠镇，内设屈子祠、屈子书院、香草湖、饮马塘、独醒亭等景点，是传承、传播屈原文化的重要载体。

在造型上，根据园区建筑风格，通过对荆楚文化的深入解析，形成凤鸟符号，结合石窗、门枕、柱基、廊檐等装饰图样，运用到导视系统设计中（图4.4-11~图4.4-13）。

楚人钟爱红色，这源于他们的远古图腾观念和祖先崇拜意识。红为火的颜色，系生命之色。设计采用红黑两色为主色调，调和暖灰，同时选用表面肌理凹凸自然的石材与平整光亮的金属材质，形成对比关系（图4.4-14）。

另外，导视系统对图形符号进行了统一设计。在保证识别性的前提下，优化了设计美感，同时对字体的应用也提出了统一标准，采用更贴合园区特征的隶书作为主要字体，多维度展现园区文化风貌（图4.4-15）。

图4.4-11　汨罗屈子文化园导视系统

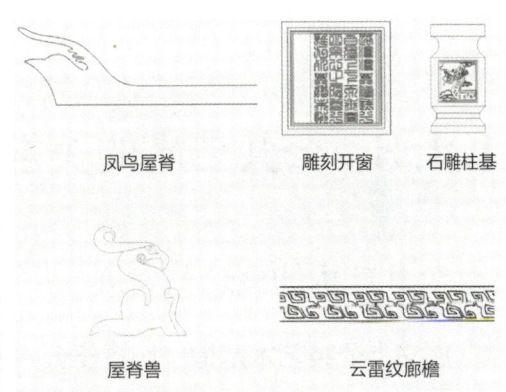

图4.4-12　汨罗屈子文化园导视系统风格提炼

图4.4-13　汨罗屈子文化园导视系统纹样提炼

图4.4-14　汨罗屈子文化园导视系统颜色及材质应用

第四章
微观视角下的
城市视觉要素
的美学再造

图4.4-15　汨罗屈子文化园导视系统部分图形符号设计

4.4.3　公共艺术的美学理念和实践

1. 公共艺术的概念与发展

广义上公共艺术是指一切置于公共空间中的艺术作品和艺术形式，其形式、功能和意义通过公共工程为公众创造，且公众可以看见和触及。狭义上一般认为，其形式主要包括壁画、雕塑、装置和景观设计，也涵盖大地艺术、光影艺术和互动艺术等新型艺术形态。

公共艺术的起源可追溯到古希腊罗马时期。当时宗教在社会中占据着重要地位，宗教信仰成为民众的主要意识形态，公共建筑往往体现着至高无上的神权。例如，古希腊雅典卫城的帕提农神庙。在中世纪，纪念性建筑装饰着美丽的宗教艺术，包括雕像、马赛克艺术、浮雕雕塑、祭坛画艺术和彩色玻璃艺术，旨在以其宏伟的美丽和宗教奉献精神激励社区。18世纪公共领域和公共空间的概念正式出现，它所体现出来的公共性为后来的公共艺术奠定了思想基础。从20世纪50年代末到60年代初，随着公众越来越多地参与到社会事务中来，人们开始思考艺术与社会的关系，重新强调了艺术对生活的重要性。20世纪70年代，越来越多国家制定相关条例、成立信托机构、设置专门经费，为公共艺术发展提供保障。20世纪80年代公共艺术的概念开始被引入中国。

当下，当代艺术的边界不断被打破，公共艺术越来越多地被民众认识、理解、接受。人们希望在城市的建设规划、建筑实践中，可以更多地通过艺术的方式激活空间，打造充满人文气息和人情味的城市生活，让艺术更好地为人们的品质生活服务，也逐渐成为一种共识。

2. 公共艺术的美学特征

公共艺术是多元化、多义性的综合艺术体。其美学特征主要表现为公共性、艺术性、在地性等。

（1）公共性

公共艺术设计是以大众需要为前提的艺术创作活动，是在政府部门及专业人员的指导下开展的艺术行为。公共艺术设置于公共领域之中，方便观者与公共艺术产生互动，给予公众接触和观赏的便利（图4.4-16）。

（2）在地性

公共艺术是特定区域独特的场所构筑，针对特定的空间、城市、地域，场所来进行创作，应充分尊重在地的历史、文化、自然风貌。例如，在东莞城市品质提升项目中，设计利用篮球的动态形象塑造形体，形成独具在地文化的公共艺术作品，通过讲述体育故事唤起人们对东莞城市体育基因的记忆（图4.4-17）。

深圳改革开放40周年的主题设计以场景故事的形式进行阐述，

图4.4-16　新媒体艺术装置《望京之眼》　　　　图4.4-17　东莞《篮球彗星》

由"初来深圳、努力工作、定居深圳、美满生活"四个部分组成，形成连续的故事线。其中涉及人物造型40个，展示"来了就是深圳人"的理念以及深圳人民的精神风貌（图4.4-18）。

3. 公共艺术的美学价值和意义

城市更新背景下，公共空间品质受到越来越多的重视。现代城市公共空间利用公共艺术凸显空间内涵，让大众感知，为空间赋能，搭建公共交流平台，传播城市美学思想。

图4.4-18　深圳蝶变《开放之都》

(1) 激活城市空间活力

公共艺术通过文化场景的构建，带动原有景观优化。在城市中心区域，如CBD等功能片区，通过艺术化的场景植入，能够将商业、商务街区，转变为宜商、宜游的新空间，激发人气聚集，实现活力重塑。

除了传统意义上的雕塑、装置外，当下，公共艺术使用新媒体，实现了人与虚拟世界的深度交流，让城市文化品牌以动态的形式展示在观者面前。同时它不占用实体公共空间，更具多元性和可变性。

在深圳华强北街区改造中，设计师通过数字化技术来增强商业空间中艺术与公众的交互性，加强了作品与环境的对话。观者作为公共艺术的一部分置身其中，获得多维度、多感官的体验（图4.4-19）。

(2) 提升城市环境品质

对于老城区，公共艺术利用雕塑、壁画、新媒体及雕塑性建筑等艺术载体，对空间进行塑造，快速实现修补城市形象，以小景观换大改观的目的。

图4.4-19　深圳市华强北街区城市更新作品《聚变》

各类城市公园、水岸、街头绿地等城市公共空间的公共艺术作品，融合生态、艺术、教育、休憩等元素。在实现城市环境与功能品质综合提升的同时，留存文化记忆，让居民在生活中寻找趣味，在城市里发现美好。如青岛市街区提升项目中（图4.4-20），公共艺术作品结合媒体交互品牌标识、灯光亮化等要素，成为城市空间环境中的点睛之笔。

（3）展现城市文化魅力

公共艺术与民族、地域、历史、文化、风俗结合，深刻反映城市的精神特质，是衡量一件作品的重要原则。城市将其特征意象提炼为凝固的符号，在人们的记忆里形成深刻的印象标签（图4.4-21）。

图4.4-20　作品《海洋世界》

图4.4-21　作品《千帆竞渡》

第四章
微观视角下的
城市视觉要素
的美学再造

（4）体现城市精神内核

城市公共艺术是彰显城市品格与文化自信的重要载体，不仅是对有形空间的营造，而且是对城市文化的引领与倡导。公共艺术连接城市的历史与未来，讲述城市故事，塑造城市品格。例如，东莞公共艺术项目，通过公众参与作品创作，采集各行业人员的不同声音，通过音频软件处理，形成雕塑形态，体现城市理想栖居地的精神内核（图4.4-22）。

图4.4-22　作品《凝固的爱》

[4.5]
城市景观扮靓美丽家园

景观是人类文明发展的产物,它与人类赖以生存的自然环境紧密关联。环境景观作为城市中的自然要素,既满足了人亲近自然的天性,也为社会交流提供了更舒适放松的空间环境。

4.5.1 环境景观的概念和发展

1. 环境景观概念

环境景观在一定意义上指的是空间内呈现的景象,是空间营造出的视觉效果,一定程度上反映了城市的基本形象、功能、空间形态和美学取向,彰显着城市的历史、文化精神和艺术形象,是辨别城市的独特标识。环境景观作为城市建设的重要组成部分,美化了城市,净化了空气,为人们提供了休闲、娱乐、健身的绿色场所,大大提高了居民的生活质量和审美意识。

2. 国内外环境景观的发展历程

公元前,人们在描写耶路撒冷壮丽的景色时使用了"Landscape"一词。这是景观的最早起源,后来慢慢发展成用来表达某一区域的地形或从某处所能看到的视觉环境。1631年,中国出现了第一本园林艺术理论的专著——《园冶》,书中对园林景观进行了非常详细的论述和直观解读。

随着工业文明的进步,生产和科学技术的蓬勃发展,社会财富的不断积累,人类对环境的保护在不断地进行着。现代美国生态景观的先行者伊恩·伦诺克斯·麦克哈格在其著作《设计结合自然》中,以科学的分析和实际的检验带动了生态景观运动在全世界的高速发展。

在生态价值和生态审美的指导下,环境景观已从"表象"走向了"功能""形式"和"思想"的高度统一。

当下,人们的审美倾向和生活需求变得更加具有差异性和独特性。在环境景观设计中,要避免大规模工业化所造成的形式趋同,要挖掘传统文化的魅力,突出地方特色,呈现出共享的、充满活力的、与城市生活密切相关的景观风貌。

4.5.2　环境景观的美学特征

1. 联系与变化

景观系统是由很多不同形态的景观单体组合而成,生动自然的景观环境(界面)要求这些单体既要有区别,又要有联系;既有多样性的变化,又有整体的协调统一。

2. 协调与平衡

在景观空间设计中,利用不同的体量和材料,在视觉上感受景观布局中整体的轻重关系和各物体之间的相对关系。各种景观单体,要在景观构图中保持平衡,在整体的视觉效果上形成空间的稳定性。

3. 透视与角度

人对空间的认识、人与空间的关系会受到透视的影响。透视是认识空间纵深,理解景观美的基础(图4.5-1)。人的视觉感受有一定的规律性,人们对于景观的认识和判断一般是根据视距和角度决定的。平视、斜视、俯视、仰视,还有距离景物的远近,景物与周围环境体量的对比,都会给人不同的视觉感受,并由此产生对景物的认知。

图4.5-1 空间透视

4. 季相与交替

季相的变换是一年一度、周而复始的有规律变化,由此带来景观规律性的自然交替。植物是城市造景中非常重要的元素,受到时令变换的制约。换言之,四季物候决定着植物景观效果的变化。

4.5.3 环境景观发展过程中存在的美学问题

随着城市的迅速发展,不断更新,环境问题日益突出,城市的景观也随之出现了许多美学问题。

1. 缺乏模式创新

良好的景观设计能充分体现区域的历史底蕴和文化内涵,形成特有的风格,进而体现一座城市的审美特性和精神风貌。目前,许多城市景观设计缺乏个性化和创造性,简单的模仿、拷贝造成景观空间的趋同,千篇一律的造景手法让城市景观失去了应有的作用和价值。

2. 缺乏长远的规划

在景观建设中，许多城市将目光集中在了设计形式上，并没有重视景观设计对生态和社会环境发展所产生的影响，缺少长远的规划设计理念，不能满足现代城市发展对环境景观多层次、全方位的要求。

3. 缺乏人文关怀与文化底蕴

吴良镛教授指出"认知城市是第一步，这是我们美学分析的极为重要的一步。城市模式的提出是认知的结晶，不只是个别人的认知的结晶，而是综合归纳提高，从历史人物到今天多行业人认知的结晶。"每一座城市，都有自己独特的人文特色，景观作为城市生活的一部分，需要尊重不同地域的文化、风土人情、地理环境、生活习惯，将情感、人物、理想、事件等有效融入设计，传承城市特征，挖掘城市文脉，使景观真正成为城市的文化资源，打造符合城市审美特征的景观。

4.5.4　环境景观的美学构建要素

1. 自然要素——地形、水体、植物景观

自然要素是景观设计中生态美学的重要表达要素。它们构成园林景观的自然氛围，形成现代人追求的理想景观环境。

地形为景观中其他元素和设施提供了一个可依附的平台，能影响整个景观场地的格局（图4.5-2）。在设计中，通过适当的地形处理，创造更多的层次空间，可带来视觉上、空间上的多维体验。高低起伏的地形在景观场地中成为植物、构筑物、水体等的背景依托，能够控制视线、突出主题，形成层次丰富的景观空间。同时，地形本身也能创造出优美的景观效果。设计中可利用具有不同美学特征的地形地貌，创造出不同风格、千姿百态的城市景观。《园冶》中曾有："高

方欲就亭台，低凹可开池"，指的就是地形设计应因地制宜，顺其自然。

水景在景观设计中具有非常重要的地位。"无水不成景"，"风水之法，得水为上"，水景是园林景观设计中不可缺少的元素之一（图4.5-3）。水具有很强的可塑性，遇势而变，遇器而形，在园林景观中的形态千变万化。"园以水活，无水不成园"，水赋予园林更多的生机和活力，时而宁静，时而活泼，通过自身的变化在园林景观中发挥着重要作用，同时还起到扩大视觉空间的效果。在园林景观中经常会用到静水、落水、喷水、流水等水景造景手法，搭配空间，营造出不同的环境体验。

植物在景观中的美化作用是其他景观要素无可替代的（图4.5-4）。植物造景是最基本的园林绿化设计手法，它在园林景观的规划中发挥着非常重要的作用。植物利用自身的线条、色彩和形态的美感，与周边的构筑物进行优化配置，从而构成一幅具有美学意义的视觉画面。当今，随着社会审美情趣的不断提高，

图4.5-2　地形

图4.5-3　水景

图4.5-4　植物

园林技术不断进步,景观学、生态学理念不断引进,自然美与意境美得到了有机融合,从而丰富了植物造景的内涵。

2. 文化要素

美学非常关注人文环境的构建。包含历史文化和人文生态等因素的城市环境,体现了更高的审美价值,城市的活力、凝聚力、创造力。有形的人文景观要素主要包括文物古迹、园林绿化、建筑等(图4.5-5);无形的人文景观要素,包括语言、戏剧、音乐舞蹈、礼仪风俗、节庆等不能物化的元素(图4.5-6)。景观通过对这些元素的精心设计和规划,营造有序的空间环境,形成和谐的景观系统。

图4.5-5 有形的人文景观——礼制空间

图4.5-6 无形的人文景观——意境

3．其他要素——地面铺装、景观构筑物

地面铺装能有组织地分隔空间、引导交通，并将各个景观空间联系成一个整体，为人们提供休息、活动的场地。同时通过色彩、肌理、尺度的变化，达到不同的艺术效果。

景观构筑物是景观空间的灵魂，是环境中不可或缺的一部分，是人们与环境之间的桥梁。它在景观空间中构成无形的纽带，引导并组织空间画面。景观结构作为艺术品，以色彩、质感、肌理、尺度、造型等特征为基础，提升景观的艺术性和观赏性，给人们带来视觉上的享受。

4.5.5　景观空间营造过程中遵循的美学原则

1．以人的需求为出发点

景观设计的根本目的就是为了方便人们的使用。设计应以人为本，了解受众的需求，研究对空间使用的规律，将最大程度地满足人们的日常生活需求，创造出一种舒适宜居、符合人们审美情趣的环境景观。

2．因地制宜，环境优先

景观设计需要尊重现有自然形态。设计应从场地的使用需求出发，结合区位地域、自然环境特性、历史人文特点等，创造出既有时代特征，又有地域特色的城市景观；最大程度地尊重原始地貌和自然资源，坚持生态环境优先的原则，突出审美和生态的双重价值，彰显自然之美。

3．大众参与性

环境景观空间是人们日常接触自然、交流互动、健身康体的场

所。大众参与是当代景观设计所必不可少的一环，如此，城市景观才能体现出更多的风格、更多的内涵、更多的深度，拉近景观设计和大众之间的距离，实现以人为本的设计思想。

4.5.6 环境景观美学实践

1. 山体公园——崂山区浮山森林公园

浮山是青岛市市区内面积最大的一块"绿肺"，改造提升了区域绿色生态环境和青岛城市形象（图4.5-7）。设计深度挖掘了区域特色，通过和场地空间相结合，形成特有的场地记忆。视觉一体化的营造使景观、城市家具、文化标识等元素，形成统一的美学效果，因地制宜地提升了场景空间功能。

以"再造城市绿心"为理念，设计灵活运用浮山云海、崂山百合、浮山景石等特色元素，通过提取、演变将各元素与场地构图、艺术构筑、景观小品相融合，凸显场地景观空间的地域特色（图4.5-8、图4.5-9）。

设计解决了场地雨季积水的问题，新增了自然水景，形成旱季观绿、雨季看蓝的视觉效果。通过设置观景园路，方便市民进入场地中，增强了空间的使用价值（图4.5-10~图4.5-13）。

图4.5-7 场地现状

图4.5-8　莲花湖航拍图

图4.5-9　栈道航拍图

图4.5-10　公园入口

图4.5-11　入口景石

图4.5-12　崂山百合小品

图4.5-13　云海构筑

场地给市民提供了草坪空间，周边搭配亲水平台，设计了集休憩、户外充电和多媒体于一体的休闲凉亭，满足市民的使用需求。植物以观赏草、常绿植物为主，搭配点景乔木，同时给市民提供了亲水玩耍、露营、交谈、休闲等参与性场所，营造出自然野趣的场景空间（图4.5-14、图4.5-15）。

童趣园是浮山森林公园参与度最高的场地之一。设计保留了原有

第四章 微观视角下的城市视觉要素的美学再造

场地的游乐设施和构筑物,通过翻新立面,改造地面铺装,提升场地空间氛围,使之成为亲子活动的主要场所(图4.5-16、图4.5-17)。

山顶园是公园最佳的观景节点之一。通过打造"林间赏花、山顶看海"的空间格局,广场串联起儿童活动场地、阳光草坪、观景平台,满足了各年龄段的使用需求。观景平台将周边景色尽收眼底,兼具咖啡吧和共享书吧的功能(图4.5-18、图4.5-19)。

图4.5-14 休闲凉亭

图4.5-15 野趣构架

图4.5-16 童趣园入口

图4.5-17 童趣园局部

图4.5-18 阳光草坪

图4.5-19 观景平台

砾石路穿插林间，野趣十足的芒草恣意生长，阳光透过树隙洒进林间。在这里，人们感受到一草一木、一花一鸟的自然乐趣。浮山森林公园在理念、材料运用、植物搭配、效果呈现上都遵循了回归自然的理念（图4.5-20、图4.5-21），让人们在休闲游览的过程中获得了更多的幸福感。

图4.5-20　粉黛园局部　　　　　　　图4.5-21　百合湾局部

2. 城市公园——深圳市文心公园

文心公园地处南海大道和滨海大道的交汇点，靠近南山书城，文化气息浓厚。场地周边商业、社区居多，是市民休闲娱乐的好去处。

公园地处城市核心，与周边街区的衔接关系紧密。设计柔化了公园的固有边界，根据周边社区的分布情况，开放多个出入口，方便市民出入。整体设计以更均衡适宜的尺度、协调统一的材质与色彩融入街区（图4.5-22）。

从空间布局上看，草坪是公园的中心，设计取意为"自然之手"，将一捧自由的乐园奉献给城市。改造设计依然将草坪作为公园的中心，仅修整草坪边缘，与周围的树木自然交融。同时融入海绵城市理念，改善草地结构，实现人与自然和谐相处、回归生态的愿望（图4.5-23）。

公园原有植被资源丰富，是场地的天然优势，能够为游人在夏日增加一份阴凉。设计重视公园内的每一棵树,充分考虑树木的位置、树形、树姿,梳理林下、林缘、林间场地,打造不同的活动空间,形成连续游赏的内部空间,激发出场地更多的使用潜能。

草坪四周保留场地的原有林木,高大的林冠向四周延伸形成优美的林缘线,激活草坪与树林的交界空间,同时增加休闲空间,设置白色S形线性座椅,共绘草坪美景(图4.5-24)。

为解决公园内部路权冲突问题,在树林和草坪之间,随原有地势,设计两条宽度不同的步道,连通各活动空间;打造主次环线,实现快慢分离,功能有序(图4.5-25)。

设计利用场地原有灌木空间,改造成儿童乐园,通过自然的阵列植物组团柔化景观边界;利用塑胶铺设安全地面,灰、黄、橙等不同颜色在地面碰撞出活力气氛;白色钢架穿梭在林间,秋千、蹦床、木

图4.5-22 公园局部

图4.5-23 变换的地形和曲面草坪

图4.5-24 林缘边界

图4.5-25 步道

马、多功能爬架等多种器械供孩子们尽情玩耍，家长们也可以陪同，共享亲子时光（图4.5-26）。

廊架前广场和活动平台相融合，将观赏游览、健身休憩、邻里社交功能融为一体，成为公园的社交中心（图4.5-27）。

公园的多功能小剧场完成从灰空间到活力场地的转换，为以后老年乐团、社区电影、公园宣传等活动提供场地。设计保留原有场地的高大乔木，形成自然葱郁的天然穹顶；借助原有草地坡度顺势改造而成自然石材叠级座凳，将场地变成林下多功能剧场；同时在树干上增挂线性灯饰，增加夜晚欢乐气氛（图4.5-28）。

将公园角落的水塘升级改造为弹性旱溪，利用不同尺寸的铺底砾石形成自然过滤系统，周围种植丰富的耐水湿植物形成生态护坡，打造良好景观效果的同时实现海绵功能（图4.5-29）。

图4.5-26　儿童乐园

图4.5-27　公园客厅

图4.5-28　多功能小剧场

图4.5-29　旱溪景观

利用地铁上方土地空间打造休闲书吧，与周边南山书城形成呼应，将书香文化置入公园内部。同时书吧提供餐饮等服务，完善公园服务配套（图4.5-30）。

图4.5-30　休闲书吧

公园的改造丰富了周边居民的生活方式，提供了多样性活动场地，使不同人群都在文心公园找到了属于他们的时间和空间。

3. 社区景观——建委宿舍和山大北路51号院小区

51号院小区位于济南市历城区核心区域，邻近区政府、山东大学、洪家楼商圈。周边生活服务设施齐全，区位交通优势明显。该小区的改造更新，在保护小区记忆文化的同时，为居民提供一处富有活力的生活剧场、有情感记忆的文化场所。

改造保留了部分小区储藏室，同时在场地中心置入社区公共客厅，打造独属于历城区的"洪楼院子"。场地的新与旧，时尚与复古在这里碰撞交织，让新来者与原有居民都能找到更好的归属。

设计以居民使用需求为出发点，颠覆性地打破了原有场地内混乱的空间关系，重新规划了空间场地。通过打造"三横两纵一中心"的景观轴线，利用慢行系统串联起各景观功能空间（图4.5-31）。在保证原有使用功能的前提下，设计增加了全龄化景观功能空间，强化场地的参与性。同时重新梳理植物空间，营造亲和、舒适的景观绿化氛围。布置停车空间，在满足居民日常停车需求的同时，形成合理有序的景观空间。

通过设置活动草坪和户外会客厅，为大家提供了一个儿童游乐、

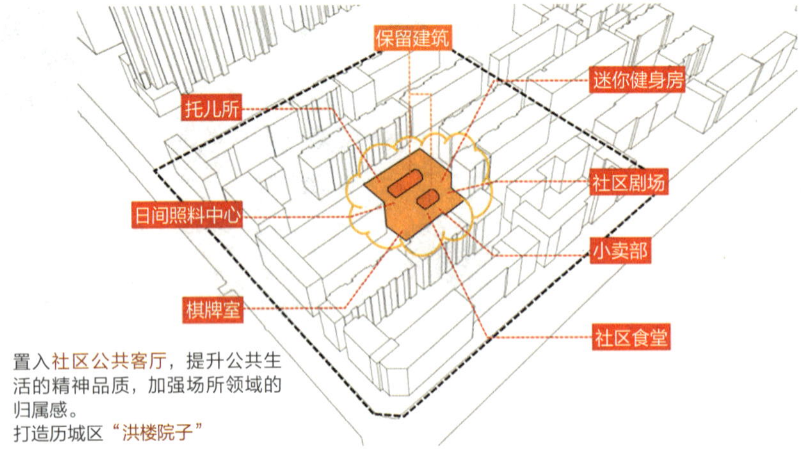
保留建筑
迷你健身房
托儿所
社区剧场
日间照料中心
小卖部
棋牌室
社区食堂
置入社区公共客厅，提升公共生活的精神品质，加强场所领域的归属感。
打造历城区“洪楼院子”

图4.5-31　空间布局

健身锻炼、活动、交流的公共空间，促进邻里之间的沟通与交流（图4.5-32）。设计增加亲子休憩空间，给儿童及家长提供一个公共活动空间，提升居民幸福感（图4.5-33）。设置独立的健身空间。例如，健身盒子、慢行跑道，配有健身器材，满足居民的健身锻炼需求（图4.5-34）。在绿化系统提升上，绿意贯穿小区，设计通过设置活动草坪、观景廊架，给居民们提供一个娱乐休闲的活动场所。晴天，在景观树阵的树荫之下，在草坪上或坐或躺，静心感受景观中的自然气息，享受户外生活的健康乐趣（图4.5-35）。

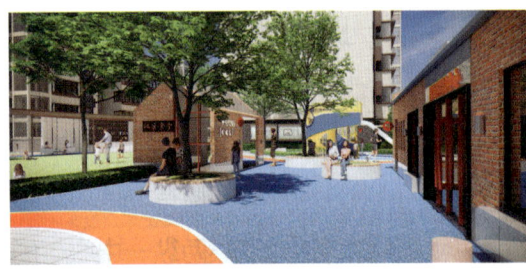

图4.5-32　户外会客厅

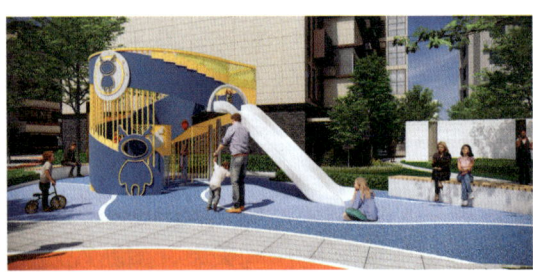

图4.5-33　儿童活动场地

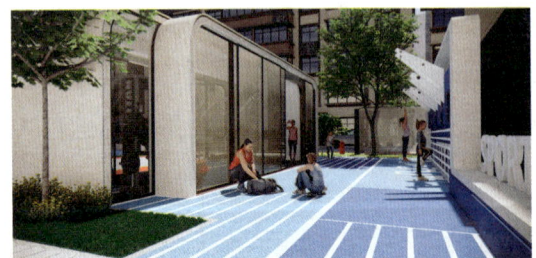

图4.5-34　健身空间

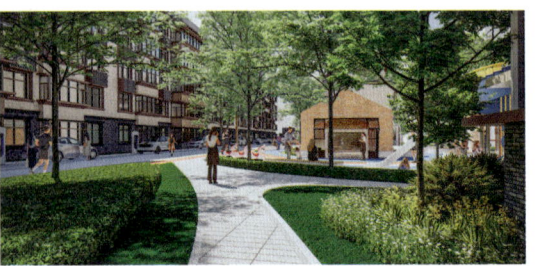

图4.5-35　绿植景观

第四章
微观视角下的
城市视觉要素
的美学再造

　　配套设施方面，改造提升垃圾站，使其兼具美观和实用性；增加小区垃圾桶数量，做到每栋都有垃圾桶（图4.5-36）；宣传栏作为景观的一部分，与整体设计风格相辅相成；提升围墙造型设计，增加美观性和趣味性（图4.5-37）。设计在不影响交通、消防的前提下，划分非机动车停车空间，增加非机动车停车位，同时满足充电功能，整洁美观实用性强（图4.5-38）。增设导视系统，营造社区风格、塑造地域文化（图4.5-39）。

图4.5-36　垃圾桶和围墙

图4.5-37　宣传栏

图4.5-38　非机动停车位

图4.5-39　导视系统

第五章

美学指引美丽城市

第五章
美学指引
美丽城市

城市之美是厚重辉煌的历史文化，是独具特色的自然、人文景致，是平凡幸福的市井生活，是千万个热爱这座城市的人忙碌的身影，是我们对美好未来的期盼。在"美丽中国"思想的指引下，一个传承与创新并举，历史与现代共融，物质与精神统一，人与自然和谐共生的美丽中国，正在逐步变为现实。

[5.1]

城市美学提升路径

在城市发展史上，很多学者曾提出过"田园城市"、"生态城市"、"宜居城市"、"花园城市"等多种理想模型。近几年，国内一些城市陆续开展了"园林城市"、"文明城市"、"最美丽城市排行榜"、"寻找最美城镇"等评选活动，并出台了多种相关评价指标体系。

当前，中国城镇化高速发展，对城市品质要求的提升，引发了社会各界对城市美学的关注与需求。近年来，我国进行城市美学实践的城市越来越多，国内城市美学研究的趋势，已从最初的关注视觉感受和心理感受逐渐转向关注城市本身的文化特色，从关注城市功能转向满足人们日益增长的精神文化需求（图5.1-1）。

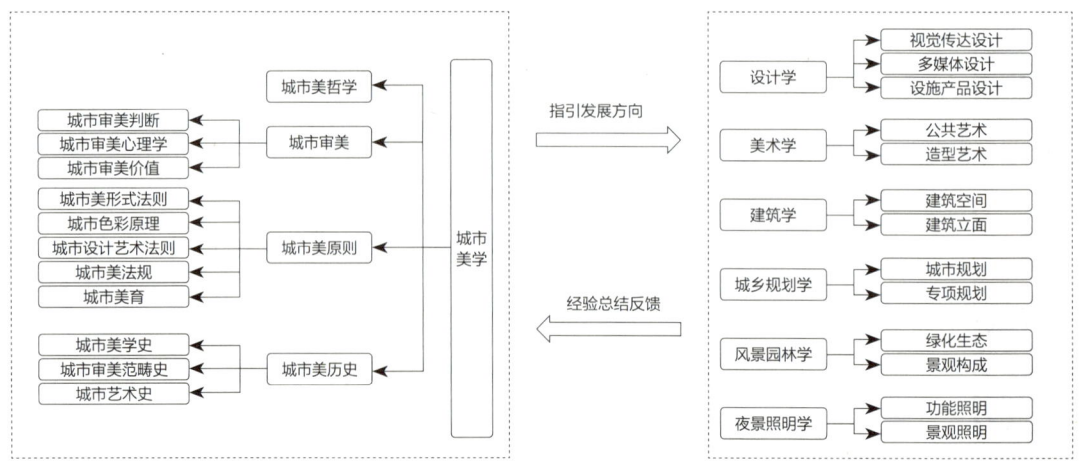

图5.1-1　城市美学学科建设研究分析图

5.1.1 路径解读：三大类型，九大类别

总结以往经验，通过梳理城市美学理论与实践案例，本书探索得出的"城市美学一体化提升路径"（图5.1-2）。通过城市体检、城市设计、城市更新，从九大类别中提取27项视觉要素，用视觉一体化的设计手法，实现美学在城市空间的应用。在更具系统性、科学性、针对性、指导性、实操性的基础上，帮助城市全面实现生态自然美、人文特色美、经济活力美、社会和谐美和生活幸福美。

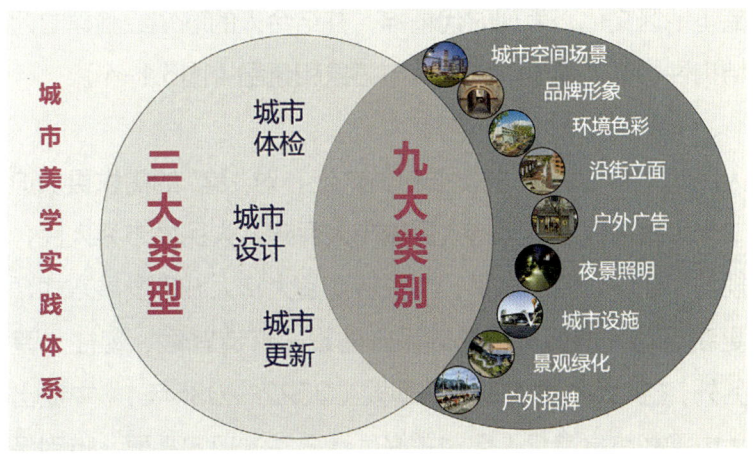

图5.1-2 城市美学一体化提升路径

1. 城市体检

城市体检是通过综合评价城市发展建设状况、有针对性制定对策措施，优化城市发展目标、补齐城市建设短板、解决"城市病"问题的一项基础性工作，是实施城市更新行动、统筹城市规划建设管理、推动城市人居环境高质量发展的重要抓手（图5.1-3）。

图5.1-3 城市体检原则

2. 城市设计

城市设计是指以城市作为研究对象的设计工作，是介于城市规划、景观建筑与建筑设计之间的一种设计。相对于城市规划的抽象性和数据化，城市设计更具有具体性和图形化。它侧重城市中各种关系的组合，建筑、交通、开放空间、绿化体系、文物保护等城市子系统交叉综合，联结渗透，是一种整合状态的系统设计。

城市设计具有艺术创作的属性，以视觉秩序为媒介，容纳历史积淀，铺垫地区文化，表现时代精神，并结合人的感知经验建立起具有整体结构性特征、易于识别的城市意象和氛围（图5.1-4）。

人民对"美好生活"的需要日益广泛，对"美"的需求更加迫切。党的二十大报告提出，坚持人民城市人民建、人民城市为人民；提高城市规划、建设、治理水平，加快转变超大特大城市发展方式；实施城市更新行动，加强城市基础设施建设，打造宜居、韧性、智慧城市。另外，《扩大内需战略规划纲要（2022-2035年）》中提出，实施扩大内需战略是满足人民对美好生活向往的现实需要，特别是人民对美好生活的向往总体上已经从"有没有"转向"好不好"，呈现多样化、多层次、多方面的特点。

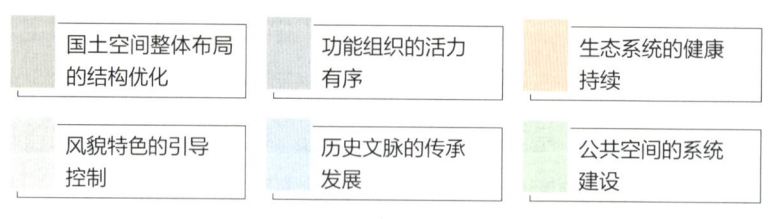

图5.1-4　城市设计原则

3. 城市更新

截至2022年，全国571个城市实施城市更新项目约6.5万个，总投资约5.8万亿元。城市更新行动的开展，解决了城市发展中的突出问题，补齐了民生短板，提升了人民群众的获得感、幸福感、安全感，也为城市带来了新的经济增长点。

其中，城市美学在城市更新中的作用主要体现在以下几个方面。

（1）通过城市美学改造城市面貌，指导城市更新工作更好地展开。城市美学改造是将美学中形态、色彩、材料、绿化等方面加入到城市更新的规划和设计中，以微小的代价助推城市高质量发展，满足市民的审美需求，提升整体生活品质。

（2）城市美学总结城市文化，增强城市更新工作的在地文化关怀。在更新工作中，可以通过深入挖掘城市文化内涵，将城市的历史、文化和艺术融入城市更新的规划和建设中，创造出更富有文化底蕴和人文气息的社会、精神环境。

5.1.2　城市体检："一体化提升"的出发点与落脚点

城市美学"一体化提升"围绕人在城市中的美学体验，从城市体检、城市设计、城市更新依次展开工作，综合考量整体环境品质，从区域品牌、环境色彩、沿街立面、广告招牌、景观绿化、城市家具、夜景照明等方面，提取27项视觉要素，形成评估、设计、更新实施的标准与维度。

城市体检作为城市美学提升路径的第一步，是城市设计与城市更新的基础，通过全面剖析、总结、评价城市的美学现状与问题，找准提升改造的方向。

以美学作为城市体检的主线，其评价体系分为全要素指标体系与专项指标体系。全要素指标体系从城市整体视觉界面出发，适用于各类城市空间，是城市美学基本面貌的整体反映。专项指标体系则针对不同类型的空间区域、视觉要素等维度，指标类型及评价内容各有不同。

指标评价内容需根据各地实际情况适配调整，评价方式可包括平台数据分析、材料核查、实地考察及问卷调查等。最终，根据各项评价结果剖析原因，查找差距和不足，有针对性地改进提升，形成长效机制。

城市体检、城市评价是践行城市美学理论、提升城市美学研究与运用的重要途径。再运用至城市更新实践，使城市美学理论更好地服务群众、造福社会。

[5.2] 城市美学体检评价指标

近年来，城市美学已应用于城市发展建设的多方面，影响城市空间的更新与发展，包括历史文化保护、城市品质提升、城市形象塑造、城市美育宣传等方面。由此，城市美学评价体系构建，亦可参考城市形象、城市建设、乡村振兴、历史文化、服务效率等方面选取评价维度，判断城市之美是否达成（图5.2-1）。

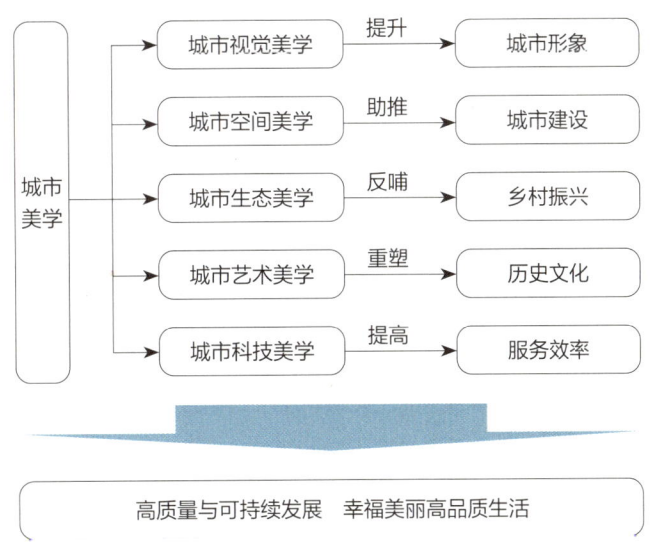

图5.2-1 城市美学实践与城市影响分析图

参考美学研究思潮的发展脉络，总结现今城市美学研究的普适体系。本书选取中观视角中城市主要空间界面，形成评价体系的"选区样本库"，再将宏观、微观视角，即城市美学提升路径中包含的9大类别，组成评价指标选取的"全要素指标"（图5.2-2）。

217

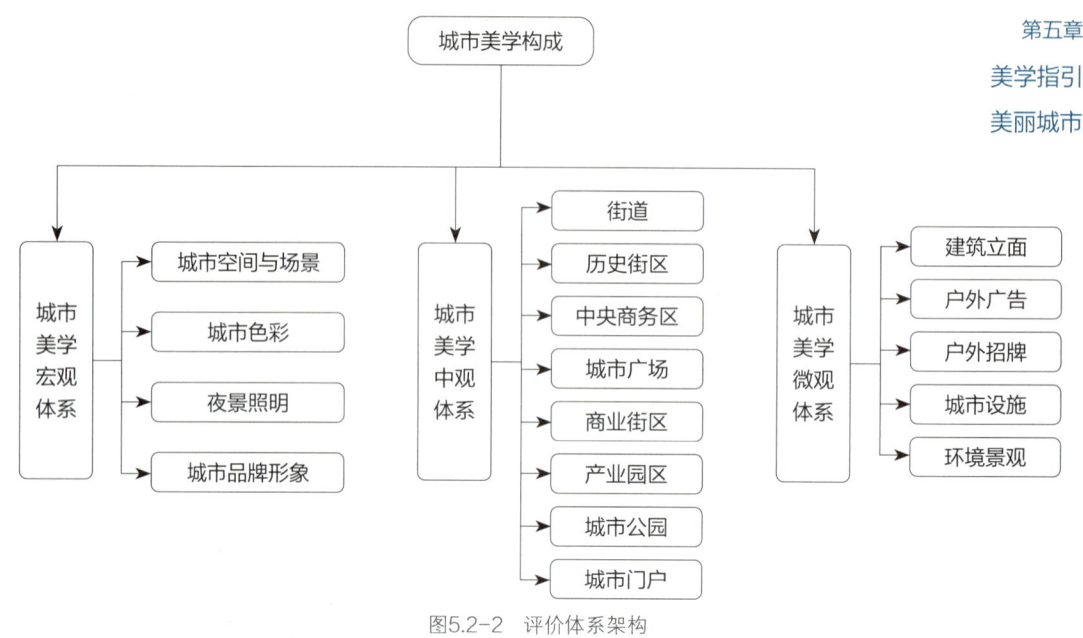

图5.2-2 评价体系架构

5.2.1 城市美学评价主界面

基于对城市美学的认知视角，中观层面以城市空间为主线，将城市空间分为全空间、单空间两大层次，具体由街道、历史街区、中央商务区、城市广场、商业街区、产业园区、城市公园、城市门户等构成城市美学主界面。

在评价审视城市之美的过程中，通过不同空间的服务人群、功能定位、风貌特征等，多元化、具象化地反映城市印象与美学价值。在工作开展过程中，可通过人工调研、遥感信息采集等方式进行数据汇总分析（表5.2-1）。

各空间层次数据采集、填报、汇总、统计分析　　表5.2-1

城市空间层次	采集方式	调研与填报主体	汇总主体
全空间（城市）	人工调研结合部门数据、第三方数据	各部门和美学评估体检技术团队	市级相关主管单位汇总
单空间（特定区域）	管理部门数据、遥感数据、第三方数据	由街道工作人员、专业技术人员现场调研填报	区级相关主管单位汇总

第五章
美学指引
美丽城市

5.2.2 美学评价全要素

根据城市美学研究宏观、微观的视角，围绕人的美学体验，形成由城市空间与场景、品牌形象、环境色彩、沿街立面、户外广告、户外招牌、城市设施、环境景观、夜景照明组成的城市美学评价9大类别，对于要素再进行拆解分析，可以得到共27项细分要素。在具体使用过程中需以各地实际情况适配调整（图5.2-3）。

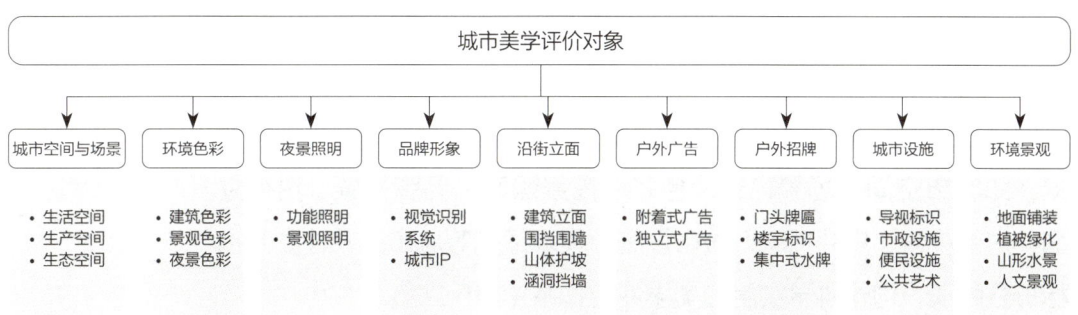

图5.2-3　城市美学评价要素

5.2.3 评价维度及数据收集方式

精神内涵的评价维度以人的感受为出发点，主要采用问卷调查的方式，通过设置感性选择、观念评价、提供建议等方面的问题来得到答案。此外，可以通过互联网获取数据。例如，使用搜索引擎中的热力图分析人群集聚程度，也是美学吸引力或满意度调查的重要数据指标；通过热搜词、新闻关键词的词频，统计视觉系统相关要素的传播度，从而得出美学意象影响度。

物质载体评价维度可以由具体数据、是非关系反映。首先，可以从相关规范、专业研究、行业规律中提取具体的指标标准，通过技术手段及相关渠道获取更为全面立体的数据（表5.2-2），研判物质载体是否达到基础美的标准。其次，在基础美学之上，可通过各类程度数据指标综合横向比对相关城市数据，或纵向比对本城市往年数据情况，得出评价结论及提升建议。

多元数据来源平台　　　　　　　　表5.2-2

传统数据	数字政府	数字社会
测绘数据	政府系统数据	开放数据
遥感数据	网格上报数据	UCG数据
统计数据	市民参与数据	手机信令
调查数据	基础设施运行数据	其他商业数据
	新环境数据	

5.2.4　城市体检评价指标表

基于理论、学科建设、实践的多方综合验证，对城市美学全要素，即城市空间与场景、环境色彩、夜景照明、品牌形象、沿街立面、户外广告、户外招牌、城市设施、景观绿化等城市的共性要素指标拆分解读，构建科学实用的美学评价体系（表5.2-3）。

城市美学评价全要素指标体系　　　　　　　　表5.2-3

一级指标	二级指标	三级指标	维度	指标解释	指标分解
宏观	城市空间与场景	生活空间	人群吸引度	人群吸引力高，普遍愿意逗留聚集或活动，生活空间使用度高，生活空间质量好	人口数量、住宅小区入住率、休闲活动数量与举办频次、商店数量、百度热力图
			建筑风貌协调度	住宅、商业、学校等建筑，其外观、灯光、材质等方面，匹配地域文化，或营造文化氛围	通过计算机视觉技术处理建筑实景图，比对色彩比例、建筑风格、建筑造型等
			景观适宜度	空气质量佳、噪声水平低，街道景观多样，植被丰富，营造宜居环境	绿化面积、绿化率、植被种类及数量
			公共服务功能	文化活动、娱乐休闲、运动健康等公共服务功能完备	公共服务设施种类、数量、规模及利用率
		生产空间	产业人群舒适度	生产空间设计合理，通过设计完善温度、照明、声音、空气环境，安全高效，缓解产业工人压力	问卷调研产业工人满意度，解压、运动等空间的数量与规模
			产业经济转化度	提高生产效率，提供信息交流、学习协作机会，实现产业经济快速发展	产业人口数量、产业收入、产业经济增长率

续表

一级指标	二级指标	三级指标	维度	指标解释	指标分解
宏观	城市空间与场景	生产空间	产业建筑风貌协调度	产业建筑风貌特征鲜明，体现产业特色与企业精神；色彩、材质与周边环境协调统一	通过计算机视觉技术处理产业建筑实景图，比对色彩比例、建筑材料、设计风格等
			夜景照明协调度	照明设计根据空间功能和用途设计；照明亮度适宜、明暗分区；夜景灯光协调，体现产业文化	灯光亮度、色彩比例
		生态空间	生物多样性	选育本地合适的物种，动植物种类丰富；保护种群群落，维护生态平衡	动植物种类及数量、分布密度
			自然保持度	空气质量、水环境质量、土壤质量好；尊重当地地形地貌、水文与空间结构	空气质量、水质、土壤酸碱度及微量元素含量；与本地水文和地形结构比对，判断一致性
			生态服务功能	公园、街旁绿地、绿道等人工景观数量、面积、植被覆盖率适宜	公园绿地数量及面积、绿道长度、绿化率
	环境色彩	建筑色彩	城市特色关联度	基于自然地理环境、历史文化形成的城市底色，挖掘城市基因色，凝练城市的特色与个性	问卷调研色彩与城市代表性、市民满意度
			色彩心理舒适度	注重色彩对人的心理感知与正面影响，使居住者与游客产生亲切感、舒适感和归属感，避免出现"躁色"，造成色彩污染；广告招牌色彩设置充分考虑城市居民的审美感受，与建筑本体、周围环境相协调	问卷调研色彩心理体验满意度
			立面配色比例协调度	立面色彩与环境色彩相协调，配色得当、比例协调，凸显区域与建筑风格	通过对城市建筑物实地考察、人工调查和借助计算机视觉技术等方法，转化处理建筑立面图像，计算配色比例
			第五立面色彩协调度	建筑物的坡屋顶色应选用与周边环境，特别是自然界景观相和谐的颜色，注意控制彩度对人的影响；建筑物的平屋顶色，应与建筑外立面及周围景观相协调	借助卫星图、无人机和计算机视觉技术等方法，转化处理第五立面图像，计算配色比例

续表

一级指标	二级指标	三级指标	维度	指标解释	指标分解
宏观	环境色彩	景观色彩	本地文化彰显度	基于当地的历史文脉、地理环境，在保护和发扬在地文化前提下，融合自然色与人工色，建设个性鲜明、和谐有序的城市景观风貌色彩	计算机辅助处理实景图片，问卷调研色彩与城市代表性、市民满意度
			色彩丰富度	注重统一性与变化性，结合空间场景特性，按照色彩的明度、纯度、色相属性，进行色彩搭配，利用季节、空间变换，营造丰富多样、应时而变的色彩观赏效果，丰富视觉感受，避免单调	计算机辅助处理实景图片，统计各空间场景的色彩种类及数量、占比
			心理舒适度	景观色彩带来心理舒适度、正向引导，给人积极的心理建设	问卷调研色彩心理体验满意度
		夜景色彩	色彩协调度	整体协调，明暗得宜，色调舒适，避免造成光色污染；营造温暖、富有活力的夜景氛围	照明亮度、明暗区对比、色彩比例
			城市特色彰显度	依据色彩不同色相与象征意义，结合建筑、景观等载体，形成符合城市区位特性的夜景色彩搭配，体现城市自然与人文特点	问卷调研城市特色感知度
			色彩情绪体验度	注重色彩表达的引导性、象征性与情感性，提升夜景氛围，增强吸引力	问卷调研色彩心理体验满意度
	夜景照明	功能照明	安全性	照明设施遵循安全、节能、环保、智慧的原则，功能完善，运行可靠，易维护，灯具应用得当，避免光污染	设施损坏率、环保设施占比、智慧设施占比、维护频次
			亮灯率	主干道、次干道、支路亮灯情况，道路照明设施的完好情况达到甚至超过国家标准	主干道亮灯率、次干道与支路亮灯率、道路照明设施的完好率
			设施完备度	公共空间入口、公共设施、指示标牌，地面的坡道、台阶、高差处、水景周边照明设施完备	

续表

一级指标	二级指标	三级指标	维度	指标解释	指标分解
宏观	夜景照明	景观照明	环境特色彰显度	利用灯光变化，强化建筑顶部及立面装饰结构，凸显建筑自身美感；根据建筑形态，利用冷暖光色对比，强调多层次起伏的建筑立面空间，打造富有特色的建筑天际线；建筑比例、颜色、形式与灯光照明共同构成氛围，通过建筑联动，形成主次分明的动感画面	问卷调查照明亮度、照明色彩比例、灯光变化感知度与满意度
			设置形式多元度	景观照明设施的完好率应当达到或超过相关标准。根据不同环境场所确定照明方式，在商业、餐饮、娱乐场所等地方，可以适当动态变化，而在居住、办公等场所，则要防止和减少光的干扰；区分平时和节日不同的景观照明效果，增强照明的表现力和观赏性；利用"人光互动"等形式，增强参与性和趣味性，突出景观照明的艺术性、科技感、趣味性	计算机视觉处理实景照片及风格分类统计，问卷调查场景特色、灯光变化感知度与满意度、景观照明设施的完好率
			大众接受度	光色、形式等符合城市地域特色和市民游客的观赏习惯	问卷调查灯光效果满意度
	品牌形象	视觉识别系统	市民接受度	挖掘城市自然、人文特点，传达城市精神、文化，代表城市的审美品质，体现城市发展思想、管理理念、目标追求	网络提及词频、问卷调查市民满意度
			设计性	具备标识性和可视化，识别度与记忆度，独特性和差异性	国内外获奖次数、媒体报道数量
			经济转化度	形成城市品牌效应，吸引人口聚集和投资	外来人口及游客数量及增长情况，来访频次、停留时间、吸引投资总额
		城市IP	城市文化关联度	包含一定的产业内涵，与城市经济发展、历史文化等高度契合和关联	文创产品销量、问卷调查市民文化感知程度

续表

一级指标	二级指标	三级指标	维度	指标解释	指标分解
宏观	品牌形象	城市IP	大众接受度	构思符合公众的心理和审美需求，具有情感共同性和较高的社会价值；可以很好的连接城市和市民的关系，易于推广、传播	网络提及词频、相关网络报道阅读量
			产品衍生度	具备可延展性，可衍生至相关产业及文创周边产品	文创产品形式、销量
微观	建筑立面	建筑立面	整洁度	无老化、污损、剥落、涂写、乱搭乱建等有碍观瞻和市容市貌现象；附属设施应整洁有序，安全可靠，不得妨碍行人活动及车辆通行，定期进行维护	建筑立面破损率、维护管理频次，计算机处理实景图片做整洁度分析，问卷调查环境整洁满意度
			区域文化彰显度	尊重区域文化特色，保留历史文化底蕴，利用已有元素和材料，做好老化、破损立面的修补与改造；结合不同区位特点，凸显建筑风格	运用文化元素的数量及立面面积占比，问卷调查区域文化感知度
			设计创新性	合理运用新材料、新技术、创新设计手法，提升立面造型设计美感与整体品质	相关获奖及媒体报道数、材料新技术、新材料使用占比
		围挡围墙	整洁度	整洁美观，符合区域街道风貌，高度、外观、色彩与周围环境相协调；材料坚固、稳定，无污损、倾斜、乱贴、乱涂写、乱刻画；按规定设置公示（警示）牌；商业广告和公益广告设置比例符合要求	破损率、维护管理频次，计算机处理实景图片，问卷调查环境整洁满意度
			设计多元度	采用多样化的设置形式，增绿补绿，实现绿化、美化升级；通过照明设计、创意砖雕、趣味彩绘等方法，打造具有特色的围墙小品	设计风格种类及数量统计，问卷调研设计满意度
		山体护坡	安全性	坡面整洁，无垃圾杂物、松散浮石、岩渣和不稳定土体，削除负坡，涌泉、浸水处做好导水盲沟和截水沟；根据山体地形，平整铺设金属网，保持美观；栽种护坡植物，保持植被和山体生态环境	已做护坡面积占比、山体滑坡事件次数

续表

一级指标	二级指标	三级指标	维度	指标解释	指标分解
微观	建筑立面	山体护坡	精神文化彰显度	与城市文化宣传、城市精神宣传结合	含文化元素的护坡面积占比、问卷调查精神文化感知度
		涵洞挡墙	安全性	无风化、开裂、剥落、倾斜、沉陷变形、渗漏水及石块面砖松动脱落等现象，保障行人、车辆通行安全，定期进行维护排查	破损率、安全事故次数
			整洁度	墙面整洁美观，无明显脏污、乱贴、乱涂乱画	整洁墙体面积占比
			文化彰显度	结合区域历史人文、自然风光、生活场景，运用艺术手法进行墙面提升，突出本地特色	含文化元素的挡墙面积占比、问卷调查文化感知度
	户外广告	附着式广告	安全整洁度	设置牢固，不损害建筑物、街景和城市轮廓线；干净整洁、无破损，图案文字信息完整、准确规范；无相关安全事故及市民举报案例	破损广告数量与总体广告数量的占比、安全事故次数
			协调度	造型、色彩、照明、尺寸、内容、构造方式具备一定设计感且与周围环境协调	配色比例、照明亮度、尺寸大小、问卷调查设计协调度
			艺术性	反映一定人文精神与城市特性，具备艺术美感与秩序美感	问卷调查文化感知度，文化宣传类广告占比
			使用率	区域内广告位连续2个月无相关内容更换及维护的数量占比	广告位空置率、空置时长，破损率
			科技交互性	合理运用新技术、新材料、新媒体、新工艺，实现沉浸交互的广告体验，具备独特的科技美	新材料新技术广告占比
		独立式广告	安全整洁度	设置合理，无重大安全事故，干净整洁，无破损	破损率、安全事故次数
			景观性	与人文精神、城市特质相关的独立式广告覆盖率；一年内，交互式、创新性户外广告形式占比	问卷调查广告设置协调度、满意度
			使用率	区域内广告位连续观测时间内无相关内容更换及维护的数量占比	空置广告占比、空置时长

续表

一级指标	二级指标	三级指标	维度	指标解释	指标分解
微观	户外招牌	门头牌匾	环境协调度	位置、大小、内容、色彩与沿街建筑及周边环境相协调，整洁完好	计算机技术处理实景图像，计算面积比例、色彩比例；问卷调查环境协调满意度
			设计多元性	根据所处城市空间场域特性，植入城市元素，进行门头一体化设计；根据区域特性、业态特性与品牌调性进行个性化、艺术化设计，考虑夜间照明效果	设计手法种类及数量统计；问卷调查文化感知度、夜景效果满意度
			设计创新性	运用新材料、新技术，提升视觉美感，突出风格	相关媒体报道数量，新材料新技术招牌数量及占比
		楼宇标识	安全整洁度	设置规范，规格、色彩分类统一，无脏污、破损	整洁楼宇数量占比、安全事故发生次数
		集中式水牌	整洁度	设置规格、色彩与建筑及周边环境协调，清晰、整洁、完好，指示性良好	整洁水牌数量及占比；问卷调查水牌设计满意度
			设计多元性	以艺术化、设计化手法，对整体造型、色彩、设置形式进行创新体现	设计手法种类及数量统计；问卷调查设计满意度
	城市设施	导视标识	安全性	重视系统规划性，避免造成导视混乱，设置须注重安全性、连续性、节点昭示性、信息可识别性	破损率；问卷调查标识设计满意度
			城市文化彰显度	协调空间环境，通过在地文化挖掘，以景观、公共艺术设计等形式，成为城市文化及精神载体	使用文化元素的标识占比、问卷调查文化感知度
			人文关怀度	考虑无障碍设计，通过触觉、听觉等方式，提升特殊人群在公共空间的可介入性	含无障碍设计的标识占比，无障碍设计手法种类及数量
			技术创新性	艺术化、科技化等手段体现区域及城市特性，设置复合式导视标识；形成定期检查，结合群众实时提醒的复合管理体系，使用新一代信息技术实现管理维护全感知、可视化	新材料新技术标识的占比
		市政设施	整洁度	采光、通风、照明、卫生环境良好，内外部整体洁净、无垃圾散落	破损率、整洁设施占比

续表

一级指标	二级指标	三级指标	维度	指标解释	指标分解
微观	城市设施	市政设施	完备度	标识醒目；满足500m服务半径的需求，地铁、公交站等应按需设置	设施种类及数量、布设密度
			设计多元性	根据片区特色及整体环境进行美化提升设计，配备科技化、人性化功能体验设施；配合街区、片区调性，进行家族化、主题性设计；从材质、图案、风格等方面进行个性化设计；通过造型、色彩、材质等，采用镂空、彩绘等艺术化表现形式，增强箱体的艺术感、设计感，增强街区主题氛围	设计手法种类及数量统计；问卷调查设计满意度
			人文关怀度	无障碍设施完备，考虑多语言设计	含无障碍设计的设施占比，无障碍设计手法种类及数量
		便民设施	整洁度	候车亭、治安亭、公交站、报刊亭等公共服务设施干净、整洁、稳固，无积存垃圾、杂物堆放、私搭乱摆，无乱张贴、乱涂写、乱刻画	破损率、整洁设施占比
			人文关怀度	注重人性化体验，配备辅助信息LED屏幕、雾森系统、灯光控制系统、监控系统、AED急救设备、一键报警、USB充电插孔以及加热座椅等便民及智慧功能，满足公共空间的需求	含无障碍设计的设施占比，无障碍设计手法种类及数量
			设计多元性	从色彩、材质、造型等方面出发，结合城市文化特色，形成一体化设计，提升美观度与主题性；根据居住、商务、商业、文旅、交通门户等区域功能特性，进行相应设计	设计手法种类及数量统计；问卷调查设计满意度
		公共艺术	整洁度	城市雕塑和各类街头建（构）筑物的规划与设置节点需符合整体空间及人流量特性，风格及造型美观，与环境协调，并定期清洗，保证安全性与完好性	破损率、整洁设施占比

续表

一级指标	二级指标	三级指标	维度	指标解释	指标分解
微观	城市设施	公共艺术	大众接受度	风格与周边环境协调，色彩搭配和谐，材质选择适宜；景观小品和艺术装置主题内涵需正面积极，符合城市文化、大众审美，引发广泛共鸣	问卷调查设计满意度、文化感知度
			人群吸引度	结合城市空间特性，设置相关舞台、广场空间，鼓励新型艺术形态与文化艺术活动，例如，互动艺术、行为艺术活动、文艺演出等，注重群众与艺术团体在公共艺术活动的参与度，激活城市空间	相关活动次数、频率、参与人数、网络报道阅读量
	环境景观	地面铺装	安全性	地面铺装要尽量平坦，有高差变化时，可通过色彩、材质的变化来提醒注意；充分考虑防滑和积水问题，应采用表面质感粗糙、透水性好的材料，方便维护，易清洁	管理维护频次、安全事故次数
			人文关怀度	铺装尺度适宜，充分考虑人的感受，符合人体工学要求	无障碍、人性化设计关键点位数量及覆盖率，市民投诉案例
			设计多元性	和街道景观形成连续性和整体性，在流动空间中主要通过重复节奏来引导人流；可以通过不同构形、色彩、材质的铺装变化，按一定的形式拼接、组合，划分出界限，强调场所感；营造其独有的魅力特色，使路面与街道整体环境气氛相协调，强化街道的个性形象	设计手法种类及数量统计；问卷调查设计满意度，人群来访停留时长、来访次数
		植被绿化	植物丰富度	绿化覆盖分布合宜，植被级配合理，体现经济性与多样性；绿化景观层次、色彩丰富，乔、灌、草配植合理，注重季节景观变化	植被覆盖率、植物种类及数量
			设计多元性	根据居住区、公园、商务、商业等区域功能类型，进行植被景观设计；城市空间中，注重推广垂直绿化、立体绿化、屋顶绿化等多层次绿化方式	设计手法种类及数量统计；问卷调查设计满意度

续表

一级指标	二级指标	三级指标	维度	指标解释	指标分解
微观	环境景观	植被绿化	人文关怀性	在植被品种选择上避免栽植果实、枯枝等掉落引发危险的或易导致人群过敏的植物；注重植被保养、修剪，保证植被边缘紧密，基部饱满，保持设计造型感与美观度，定期进行观测补绿、浇水、施肥、灭虫等维护	飞絮植物占比、植物花境维护频次
		山形水景	自然保持度	因地制宜，协调环境，善用城市自然基底，在生态保护基础上平衡造景工程量，造就多层次城市景观背景	与本地水文和地形结构比对，通过问卷反馈，判断一致性
			大众接受度	结合不同地区特性，造就契合人民需求的山水景观，提升大众参与性，体现城市特质及自然人文底蕴，引发广泛共鸣	问卷调查文化感知度、设计满意度
			设计手法多元性	结合设计手法与造型特点，丰富景观体验，形成动静结合、虚实相映的视觉节奏及环境氛围	设计手法种类及数量统计；问卷调查设计满意度
		人文景观	资源保护完整度	文物遗迹、景观构筑物等整洁干净，维护得当，民风民俗保存完好，文化活动频率适当	人文历史资源点数量、破损率
			文化彰显度	具备美观度及艺术性，兼具形式的创新融合，凸显传统及现代人文精神与时代特质	国内外相关人文奖项及媒体报道，问卷调查文化特征感知度
			环境协调度	景观色彩，材质，形状设计融入整体环境，营造有序的空间环境，形成和谐的景观系统	问卷调查设计满意度

[5.3]

城市美学评价体系使用参照

在进行具体评价工作中，适应全空间、单空间维度，匹配相应的视觉要素，形成城市空间全要素评价、特定区域空间美学评价、单要素美学评价体系，形成对应的城市美学评估结论与提升建议。

5.3.1 城市空间全要素评价

适用范围：对城市美学全要素进行评价，使用城市美学评价指标表中的全部评价对象及其评价指标。

使用步骤示例：

本示例不指定具体城市，仅展示美学评价步骤。预计共涉及9类测评要素、27项三级测评指标、40类测评点位。

1. 筛选评价区域及点位

选取原则：根据城市定位及城市发展规模、阶段，从城市空间使用者角度出发，选取所有中观体系的城市空间，每类随机选择3个代表性区域点位及2个非代表性区域，进行要素指标对照评价。

基础节点选择推荐：美好街区示范街道、背街小巷、城市更新示范点、文化旅游街区、口袋公园、商务办公区、中心商圈、城市主干道、机场口岸等（图5.3-1）。

2. 厘定评价时间

针对不同的考察内容，将城市美学评价分为风貌层面的硬环境、

图5.3-1 城市全空间基础节点选取参考图

社交文化层面的软环境及新闻信息层面的数据环境，通过不同的考察方式，不同的时间维度进行。（以下为基本时间说明，具体情况需结合相关指标要求进行）

硬环境基本面貌类：每个特定点位，可以30分钟为观测时长，进行步行、车行考察，完成图片视频拍摄、调研观测及数据收集。

软环境行为感知类：以月度为基准，在特定区域、场景下，完成人群吸引度、满意度、人文关怀度、审美贴合度等行为观测及感知调研。

数据新闻信息类：一般以当年度或上年度相关数据为基准。

3. 选定评估指标

因是对城市所有美学要素评价，指标体系中9大类27项均可使用。

4. 收集评估数据

包括问卷调查、现场调研、计算机图像处理、网络数据爬取等方式。

5. 分析评估数据

以调研区域、考察点位、评价指标、重点评价维度为框架，形成城市空间全要素评价指标表（表5.3-1），通过基本数据测评，得出相关城市美学面貌基本情况。因示例未指定具体城市，以下指标表指标数据分解部分未体现，设置逻辑可参考表5.2-3城市美学评价全要素指标体系。

城市空间全要素评价指标表　　　　　　　　　　　　　　　表5.3-1

调研区域	考察点位	评价指标	重点评价维度
街道	出租车停靠点、公交站点、环卫工人休息场所、建筑工地、社区、小区、学校、医院、街头绿地、街巷入口广场、图书馆	城市空间与场景	人群吸引度、建筑风貌协调度、景观适宜度、公共服务功能
		环境色彩	城市特色关联度、色彩丰富度、心理舒适度、色彩协调度
		夜景照明	安全性、亮灯率、设施完备度、环境特色彰显度、设置形式多元度、满意度
		建筑立面	整洁度、区域文化彰显度、设计创新性、安全性
		户外广告	安全整洁度、使用率、协调度
		户外招牌	环境协调度、设计多元性、整洁度
		城市设施	安全性、城市文化彰显度、人文关怀度、技术创新性、整洁度、完备度、满意度、人群吸引度
		环境景观	安全性、人文关怀度、设计多元性、大众接受度、环境协调度
历史街区	公共文化场馆、游客服务中心、博物馆、纪念馆、历史建筑、节庆广场、古典园林	城市空间与场景	人群吸引度、建筑风貌协调度、景观适宜度、公共服务功能、公共服务功能
		环境色彩	色彩心理舒适度、本地文化彰显度、色彩丰富度、色彩协调度
		夜景照明	安全性、亮灯率、设施完备度、环境特色彰显度
		品牌形象	市民接受度、城市文化关联度、大众接受度、产品衍生度

续表

调研区域	考察点位	评价指标	重点评价维度
历史街区	公共文化场馆、游客服务中心、博物馆、纪念馆、历史建筑、节庆广场、古典园林	建筑立面	整洁度、区域文化彰显度、设计多元度、安全性
		户外广告	安全整洁度、协调度、艺术性、使用率
		户外招牌	环境协调度、整洁度
		城市设施	安全性、整洁度、完备度、设计多元性、城市文化彰显度、人文关怀度、技术创新性、人群吸引度
		环境景观	安全性、人文关怀度、设计多元性、大众接受度、资源保护完整度、文化彰显度、环境协调度
中央商务区	政务大厅、办公楼宇、共享办公空间、中心绿地、餐饮设施、会议中心	城市空间与场景	人群吸引度、建筑风貌协调度、景观适宜度、公共服务功能、产业人群舒适度、产业经济转化度、产业建筑风貌协调度、夜景照明协调度
		环境色彩	城市特色关联度、色彩心理舒适度、立面配色比例协调度、第五立面色彩协调度
		夜景照明	安全性、亮灯率、设施完备度、环境特色彰显度、设置形式多元度
		品牌形象	市民接受度、设计性、经济转化度、城市文化关联度、大众接受度
		建筑立面	整洁度、安全性、精神文化彰显度
		户外广告	安全整洁度、协调度、艺术性、使用率、科技交互性
		户外招牌	环境协调度、设计多元性、设计创新性、整洁度
		城市设施	安全性、城市文化彰显度、人文关怀度、技术创新性、整洁度、完备度、设计多元性、人群吸引度
		环境景观	安全性、人文关怀度、设计多元性、植物丰富度、大众接受度、环境协调度
城市广场	广场入口、人群集聚区、儿童游乐区	城市空间与场景	人群吸引度、景观适宜度、夜景照明协调度
		环境色彩	城市特色关联度、色彩心理舒适度、色彩丰富度、色彩协调度
		夜景照明	安全性、亮灯率、设施完备度、环境特色彰显度
		品牌形象	市民接受度、设计性、大众接受度
		城市设施	安全性、城市文化彰显度、人文关怀度、技术创新性、整洁度、完备度、设计多元性、人群吸引度、满意度
		环境景观	安全性、人文关怀度、设计多元性、植物丰富度、文化彰显度、环境协调度

续表

调研区域	考察点位	评价指标	重点评价维度
商业街区	购物中心、娱乐中心、商铺、宾馆饭店、出租车服务、公交线路、菜场、银行网点、营业厅、邮局	城市空间与场景	人群吸引度、建筑风貌协调度、景观适宜度、公共服务功能、夜景照明协调度
		环境色彩	城市特色关联度、色彩心理舒适度、立面配色比例协调度、第五立面色彩协调度、色彩丰富度
		夜景照明	安全性、亮灯率、设施完备度、环境特色彰显度、设置形式多元度、满意度
		品牌形象	市民接受度、设计性、经济转化度、城市文化关联度、产品衍生度
		建筑立面	整洁度、区域文化彰显度、设计创新性、安全性
		户外广告	安全整洁度、协调度、艺术性、使用率、科技交互性、景观性
		户外招牌	环境协调度、设计多元性、整洁度
		城市设施	安全性、城市文化彰显度、人文关怀度、技术创新性、整洁度、完备度、设计多元性、人群吸引度、满意度
		环境景观	安全性、人文关怀度、设计多元性、植物丰富度、设计多元性、文化彰显度、环境协调度
产业园区	科研中心、展览中心、企业厂房、企业服务平台、建筑工地、食堂、公寓	城市空间与场景	人群吸引度、景观适宜度、公共服务功能、人群舒适度、产业经济转化度、产业建筑风貌协调度
		环境色彩	城市特色关联度、色彩心理舒适度、立面配色比例协调度、第五立面色彩协调度
		夜景照明	安全性、亮灯率、设施完备度、环境特色彰显度
		品牌形象	市民接受度、设计性、经济转化度、大众接受度
		建筑立面	整洁度、安全性、精神文化彰显度
		户外广告	安全整洁度、协调度、使用率、科技交互性
		户外招牌	环境协调度、设计多元性、整洁度
		城市设施	安全性、城市文化彰显度、人文关怀度、技术创新性、整洁度、完备度、设计多元性、使用频度与满意度
		环境景观	安全性、人文关怀度、设计多元性、大众接受度、文化彰显度、环境协调度
城市公园	景区景点、公园入口、森林公园、苗圃、湖泊、游乐区	城市空间与场景	人群吸引度、景观适宜度、公共服务功能、夜景照明协调度、生物多样性、自然保持度、生态服务功能
		环境色彩	城市特色关联度、色彩心理舒适度、色彩丰富度、色彩协调度
		夜景照明	安全性、亮灯率、设施完备度、环境特色彰显度、设置形式多元度、舒适度与满意度
		品牌形象	市民接受度、设计性、产品衍生度

续表

调研区域	考察点位	评价指标	重点评价维度
城市公园	景区景点、公园入口、森林公园、苗圃、湖泊、游乐区	城市设施	安全性、城市文化彰显度、人文关怀度、技术创新性、整洁度、完备度、设计多元性、人群吸引度与满意度
		环境景观	安全性、人文关怀度、设计多元性、植物丰富度、自然保持度、大众接受度、资源保护完整度、文化彰显度、环境协调度
城市门户	交通站场、主干道、主要交通入口、出入境口岸、城楼	城市空间与场景	建筑风貌协调度、公共服务功能、夜景照明协调度
		环境色彩	城市特色关联度、色彩心理舒适度、本地文化彰显度、色彩协调度
		夜景照明	安全性、亮灯率、设施完备度、环境特色彰显度、设置形式多元度、满意度
		品牌形象	市民接受度、设计性、城市文化关联度、产品衍生度
		建筑立面	整洁度、区域文化彰显度、设计创新性、安全性、精神文化彰显度
		户外广告	安全整洁度、协调度、艺术性、使用率、科技交互性
		户外招牌	环境协调度、设计多元性、设计创新性、整洁度
		城市设施	安全性、城市文化彰显度、人文关怀度、技术创新性、整洁度、完备度、设计多元性、使用频度与满意度
		环境景观	安全性、人文关怀度、设计多元性、大众接受度、文化彰显度、环境协调度

6. 考察结果

以调研区域为主线，进行全要素综合评判得出城市美学的基本情况评价数据。该数据内容可对照往年数据或参照数据库，同等级相关城市数据进行结果总结，数据主要包含以下三个类别。

一类：直接评判考察数量（包括正面、负面指标，例如广告招牌设置违规设置的数量，正面媒体报道及相关奖项的数量，公共艺术、城市家具、公益广告等的数量）。

二类：符合与不符合（例如，城市IP设计是否符合城市特性、精神，夜景照明中是否符合生态服务功能等）。

三类：对照评判程度高低（例如对于安全事故发生的频率，人群吸引度、艺术性与设计性等条目的评判，可以转化为百分比数据，对照同等级相关城市数据，得出程度评价）。

7. 美学提升建议

结合城市发展阶段及方向定位，首先，以要素为牵引，得出整体城市美学在空间结构场景、色彩、夜景、沿街立面、广告、招牌、景观、设施等方面的正反面反馈，结合城市设计内容进行提升策略分析。其次，厘定代表性区域的美学提升策略，有先后、有重点地进行分期、分级的美学提升改造。

5.3.2 特定区域空间美学评价

适用范围：对城市特色片区或特定空间区域的相关要素进行评价，如历史、生活、商业街区，公交站点，机场口岸，城市公园等。根据空间特性深化确定相关评价要素及侧重比例，可参考表5.2-3城市美学评价全要素指标体系的相应评价对象及其评价指标。

使用参照步骤示例：（以历史街区为例）

1. 选取考察点位

侧重选择街道中主要公共建筑、道路节点、景观绿化、服务设施等公共空间、视觉界面为考察点位主体（具体可参照图5.3-1）。

2. 厘定评价时间

针对不同的考察内容，将城市美学评价分为风貌层面的硬环境、社交文化层面的软环境及新闻信息层面的数据环境，通过不同的考察方式，在不同的时间维度进行（以下为基本时间说明，具体情况需结合相关指标要求进行）。

硬环境基本面貌类：每个特定点位，可以30分钟为观测时长，进行步行、车行考察，完成图片视频拍摄、调研观测及数据收集。

软环境行为感知类：以月度为基准，在特色区域场景下，完成人群吸引度、满意度、人文关怀度、审美贴合度等行为观测及感知调研。

数据新闻信息类：一般以当年度或上年度相关数据为基准。

3. 选定评估指标

指标以考察点位中涉及的重点要素作为评价指标项，选取全要素指标中对该片区较有美学影响力的细分要素。

4. 收集评估数据

包括问卷调查、现场调研、计算机图像处理、网络数据爬取等方式。

5. 分析评估数据

以重点考察点位、评价指标、评价维度为框架，形成特定区域空间美学评价指标表（表5.3-2）。通过基本数据测评，对照相关片区数据库，得出片区美学评价结论。因示例未指定具体城市，以下指标表指标数据分解部分未体现，设置逻辑可参考表5.2-3城市美学评价全要素指标体系。

特定区域空间美学评价指标表（历史街区） 表5.3-2

评价对象	考察点位	评价指标	评价维度
历史街区	历史文化资源点	城市空间与场景	历史风貌保持度，统计调研特定区间历史建筑、古树名木等历史环境遭受破坏的情况；街区建筑与道路宽度的比值，反映尺度比例协调性；景观空间步行可达、可进入反映景观空间通达性；统计人流量峰值、平均人流量，反映人流适宜度
		环境色彩	不改变资源点原真色彩，修缮过程中仅复原或还原；挖掘提炼历史文化基因色彩，与资源点共同形成片区文化核心视觉的表达
		品牌形象	品牌、口号或IP形象是否具象化表达；VI、IP应用深度与识别度，品牌传播度与影响力；周边产品种类丰富度、设计手法多样性，体现衍生度
		夜景照明	照明的强度、时长、色彩等不破坏资源点，体现照明的安全性与保护作用；灯光布设是否提炼本地文化或风貌，体现环境特色彰显度；夜间照明设施的设置完备度；夜间照明设施的亮灯率、明暗分区，是否给人安全感
		户外广告	
		户外招牌	
		城市设施	导视标识、垃圾桶、井盖等各类设施是否完备且设置合理；各类设施是否体现对残障人士、老人、儿童、多语言的人文关怀度；各类设施中对于城市文化的提炼程度或显性表达程度
		建筑立面	尊重原有立面特色，保持原状或复原，体现立面特色维护度；建筑立面及其附属设施的干净整洁度；建筑立面及其附属设施安装是否合规且牢固，体现安全性
		环境景观	景观空间设计与资源点及周边环境协调
	特色零售路段	城市空间与场景	公共交通便捷可达、慢行友好，体现通行动线科学性；人群集聚程度、活动频次、消费活力等反映出的人群吸引程度，场景氛围活力多元
		环境色彩	人们观察色彩时舒适协调的感受程度
		夜景照明	照明数量、面积及强度合理完备，给人们带来安全感；夜景反映本地文化、城市特色，提升人群吸引程度及夜间活力，体现区域文化彰显度；照明设计手法多样，体现照明效果丰富性
		品牌形象	VI可见率高，体现应用广度与识别度；IP产品种类丰富，销量数量与销售额客观反映大众接受度、商品化程度
		建筑立面	建筑立面及其附属设施的干净整洁度；建筑立面及其附属设施安装合规且牢固，体现安全性；立面设计采用本地文化元素，设计手法多元，体现区域文化彰显度
		户外广告	广告设施安装合规且牢固，体现安全性；广告设施色彩协调、尺寸协调、维护及时，体现整洁度；广告位的使用面积或使用频次所反映出的使用率；风格多样，设置手法多元，注意新材料新技术的使用，注重交互性

续表

评价对象	考察点位	评价指标	评价维度
历史街区	特色零售路段	户外招牌	招牌颜色、材质、尺寸、风格等与周边环境的协调程度，维护及时，体现整洁度；招牌设计使用元素、设计风格、设计手法多样
		城市设施	雕塑、休闲座椅、垃圾桶、挡车桩、导视标识、井盖等设施设置完备、合理；各类设施维护、打扫及时，反映整洁度；各类设施体现对残障人士、老人、儿童、多语言的人文关怀度
		环境景观	景观空间设计、植物选择等，体现景观设计安全性；景观设计手法、使用元素、设计主题等富有变化，彰显本地文化及特色，体现设计多元性；设计兼顾生态功能，使人放松有愉悦感
	交通、入口节点	城市空间与场景	设计手法特色化，打造视觉焦点，形成交通门户，场景氛围稳静大方富有特色；空间设计流畅，易于通行，反映空间通达度；公共交通连接紧密，换乘便捷，反映可达性
		环境色彩	人们观察色彩时舒适协调的感受程度
		夜景照明	通过夜景视觉节点的打造效果，考量景观节点适宜度；通过夜间照明设施的亮灯率、配置完备度、照明面积及照明强度，评判安全性
		建筑立面	建筑立面及其附属设施安装合规、牢固，维护得当，体现安全性、整洁度；造型特色，设计手法多元，体现多样性
		品牌形象	品牌形象设计体现本地文化和城市特色；通过问卷调查了解人们对近似品牌形象的识别，反映人们对此节点品牌形象的认可度与记忆度
		户外广告	广告设施安装合规且牢固，体现安全性；广告设施色彩协调、尺寸协调、维护及时，体现整洁度；广告位的使用面积或使用频次所反映出的使用率；风格多样，设置手法多元，注意新材料新技术的使用，注重交互性，形成视觉焦点
		户外招牌	户外招牌安装合规且牢固，维护及时，体现安全性与整洁度；招牌颜色、材质、尺寸、风格等与周边环境的协调程度
		城市设施	候车亭、雕塑、花箱、垃圾桶、挡车桩、导视标识等设施设置完备；各类设施设置合规、维护及时，反映安全性
		环境景观	景观设计个性鲜明，给人深刻印象，体现景观昭示性；景观设计与周边环境协调，相得益彰，体现景观融合度
	居住生活区	城市空间与场景	建筑体现本地文化或特色，与周边历史风貌协调，给居民带来认同感与归属感、场景氛围舒适温馨；具备健身步道、文化活动广场、儿童游乐区等公共服务功能空间；空间有序，设计开敞明亮，考虑消防、地震疏散等方面，给居民带来安全感
		环境色彩	人们观察色彩时舒适协调的感受程度
		夜景照明	通过夜间照明设施的亮灯率、配置完备度、照明面积及照明强度，评判安全性
		建筑立面	建筑立面及其附属设施的干净整洁度；建筑立面及其附属设施安装合规且牢固，体现安全性；建筑立面色彩、细部装饰等体现本地文化或特色，让人有认同感

续表

评价对象	考察点位	评价指标	评价维度
历史街区	居住生活区	户外广告	广告设施安装合规且牢固，体现安全性；广告设施色彩协调、尺寸协调、维护及时，体现整洁度
		户外招牌	户外招牌安装合规且牢固，维护及时，体现安全性与整洁度；招牌颜色、材质、尺寸、风格等与周边环境的协调程度
		城市设施	非机动车停车位、宣传栏、垃圾桶、休闲活动器材等设施设置完备度；各类设施维护、打扫及时，反映整洁度；各类设施体现对残障人士、老人或儿童的人文关怀度
		环境景观	景观空间品质生态，植物选择安全，体现景观安全性
	游客服务中心	城市空间与场景	建筑与周边环境的风貌协调度，场景氛围亲切舒适；设计手法特色化，成为视觉节点，反映景观适宜度；具备完善的旅游咨询、集散、休憩等公共服务功能空间
		环境色彩	人们观察色彩时舒适协调的感受程度
		夜景照明	夜间照明设施的亮灯率、配置完备度、照明面积及照明强度给人们带来的安全感；灯光设置的色彩、图案、亮灯方式等特色化，体现区域特色彰显度
		建筑立面	建筑立面及其附属设施的干净整洁度；建筑立面及其附属设施安装合规且牢固，体现安全性；建筑立面色彩、细部装饰等体现本地文化或特色，让人有认同感
		户外广告	
		户外招牌	
		城市设施	休闲座椅、垃圾桶、导视标识等设施设置完备；各类设施设置合规、维护及时，反映安全性；各类设施体现对残障人士、老人、儿童、多语言、大件行李游客的人文关怀度
		环境景观	景观设计个性鲜明，给人深刻印象，体现景观昭示性；景观设计与周边环境协调，相得益彰，体现景观融合度
	公共建筑节点	城市空间与场景	建筑与周边环境的风貌协调度；空间设计开敞明亮，庄重踏实，给人安全感、信任感
		环境色彩	建筑色彩提炼城市文化或城市特色，体现城市特色关联度；景观色彩风格是否与街区风格协调，如沉静婉约、温暖素雅
		夜景照明	夜间照明设施的亮灯率、配置完备度、照明面积及照明强度给人们带来的安全感
		建筑立面	建筑立面及其附属设施的干净整洁度；建筑立面及其附属设施安装合规且牢固，体现安全性
		户外广告	公益广告设施安装合规且牢固，体现安全性；公益广告设施色彩协调、尺寸协调、维护及时，体现整洁度
		户外招牌	
		环境景观	景观设计与周边环境协调，相得益彰，体现景观融合度

续表

评价对象	考察点位	评价指标	评价维度
历史街区	街角绿地、口袋公园	城市空间与场景	人群集聚程度、活动频次等反映出的人群吸引程度；与周边环境的风貌协调度；场景氛围开放愉悦，给人舒适感
		环境色彩	
		夜景照明	通过照明设施的配置完备度、夜间照明设施的亮灯率、照明面积及照明强度，反映安全性；灯光效果多样、照明设施多样，体现照明效果丰富性
		建筑立面	
		户外广告	
		户外招牌	
		城市设施	城市服务驿站、导视标识、雕塑等设施设置完备；各类设施维护、打扫及时，反映整洁度；各类设施体现对残障人士、老人、儿童的人文关怀度；各类设施使用新材料或新技术，体现科技创新性
		环境景观	植物品种选择安全，植被配置合理、层次丰富，注重季节变化，体现景观丰富度；设计兼顾生态低碳，丰富嗅觉与视觉体验，使人放松有愉悦感；景观设计提炼或使用本地文化、特色，使人有认同感
	文创产业办公区域	城市空间与场景	建筑与周边环境的风貌协调度；人群集聚程度、活动频次、消费活力等反映出的人群吸引程度；场景氛围文化艺术、自由灵动，使人有愉悦感
		环境色彩	挖掘提炼历史文化基因色彩或业态特色，体现个性化、整体协调度
		夜景照明	照明数量、面积及强度合理完备，给人们带来安全感；夜景风格轻松、舒适、协调
		建筑立面	建筑立面及其附属设施的干净整洁度；建筑立面及其附属设施安装合规且牢固，体现安全性；立面设计采用本地文化元素、业态特色，设计手法多元，体现区域特点
		户外广告	注重材质、字体、风格、设置方式等方面的考量，评判广告设施品质；广告设施安装合规且牢固，体现安全性；广告设施色彩协调、尺寸协调、维护及时，体现整洁度；广告位的使用面积或使用频次所反映出的使用率
		户外招牌	招牌颜色、材质、风格等与周边环境、业态的协调程度；尺寸合规、维护及时，体现整洁度
		城市设施	休憩座椅、垃圾桶、挡车桩、导视信息牌等设施设置完备；各类设施维护、打扫及时，反映整洁度；各类设施体现对残障人士的人文关怀度
		环境景观	景观空间设计开敞，植物选择安全，体现景观设计安全性；景观兼顾生态功能，使人放松有愉悦感

5.3.3 单要素美学评价体系

适用范围：对城市的单项美学要素进行评价，如户外广告、户外招牌、城市家具、建筑立面等，设置逻辑可参考表5.2-3城市美学评价全要素指标体系。

使用参照步骤示例：（以户外广告为例）

本示例不指定具体城市，仅展示美学评价步骤。以户外广告要素为主线进行评价对象细分，对城市中主要涉及的空间点位进行调研考察，预计涉及5类测评空间、2大分项、8项评价维度、18个指标分解细项（表5.3-3）。

单要素评价指标表（户外广告） 表5.3-3

评价对象	测评空间	对象指标分项	评价维度	指标分解
户外广告	街道、历史街区、中央商务区、商业街区、城市门户	附着式广告	安全整洁度	破损广告数量与总体广告数量的占比、安全事故次数
			协调度	配色比例、照明亮度、尺寸大小、问卷调查设计协调度
			艺术性	问卷调查文化感知度，文化宣传类广告占比
			使用率	广告位空置率、空置时长
			科技交互性	新材料新技术广告占比、科技互动性广告占比
		独立式广告	安全整洁度	破损广告数量与总体广告数量的占比、安全事故次数
			景观性	问卷调查广告设置协调度、满意度
			使用率	空置广告占比、空置时长

测评时间、数据收集、结果分析逻辑可适当参照城市空间全要素评价体系，在此不做具体介绍，评价框架结构可参考以下单要素评价指标表（因不涉及具体城市及区域，部分细项内容及具体参考值不做展示）。

[5.4]

城市美学共建机制

城市美学一体化提升要想达到预期效果，必须通过政府部门、专业设计机构、广大居民和企业等全民参与来实现。通过建立精细化管理模式，实现方案制定、决策、反馈监督的科学性、专业性、有效性，健全城市美学营造的全生命周期。在这个过程中，需要整合城市美学理念，评估城市资源，协调多方利益主体，统筹城市美学要素，实现专业化、精细化设计，高效推进城市美学营造进程。

5.4.1 城市美学共建主体

城市美学的共建主体包括与城市发生联系的任何人群，包括当地居民、游客及相关专业人士。基于城市美学评价、构建、维护的工作需要，将城市美学共建主体分为居民、商户、政府人员、城市美学设计师等。

1. 居民

城市居民是城市美学的主要使用者和消费者，可以提供对公共空间的舒适程度、道路和交通安全、建筑物的比例和美感、城市生态环境方面的评价，为政府人员提供意见反馈，促进城市美学的提升与发展。

2. 商户

商户作为户外广告招牌的所有者，他们的审美直接影响城市的美学界面。通过提供或接受城市美学相关建议，帮助市容主管部门和其他政府人员更好地开展工作，维护城市的美观度。

3. 政府人员

政府是城市设计和管理维护的主体，负责制定城市美学设计原则和政策标准。因此，政府对于城市美学的认知了解至关重要，应当通过挖掘提炼城市所需的美学要素，制定设计和管理标准，从而使整个城市的美感得到提高。

4. 城市美学设计师

城市美学设计师包含城市美学研究员、设计人员。作为专业人士，他们拥有丰富的城市美学知识和经验，在城市设计和建设中，可以提供整体或个别城市美学要素的专业见解和建议。通过运用城市美学原则，城市美学设计师能为市容管理者或其他政府人员提供后期建议或建设模型，从而使城市在设计和建设中体现出城市美学价值。

5.4.2 城市美学共建流程

在方案制定、决策、反馈监督的各阶段引入专业的服务机构，协调多方利益主体，统筹多类美学要素，进行城市美学评估、设计和实施，高效推进城市美学营造进程（图5.4-1）。最终，建立精细化管理模式，健全城市美学营造全生命周期。

5.4.3 城市美学评价管理

城市美学评价管理体系以政府为主体，达到影响片区美学、管理街道美学、引导视觉要素美学的目的。

1. 统筹管理片区风格

城市美学评价管理需要衔接相关规划、发展政策，总结城市片区布局与特征，对各片区提出分区管控指引，要求风格协调，强化片区

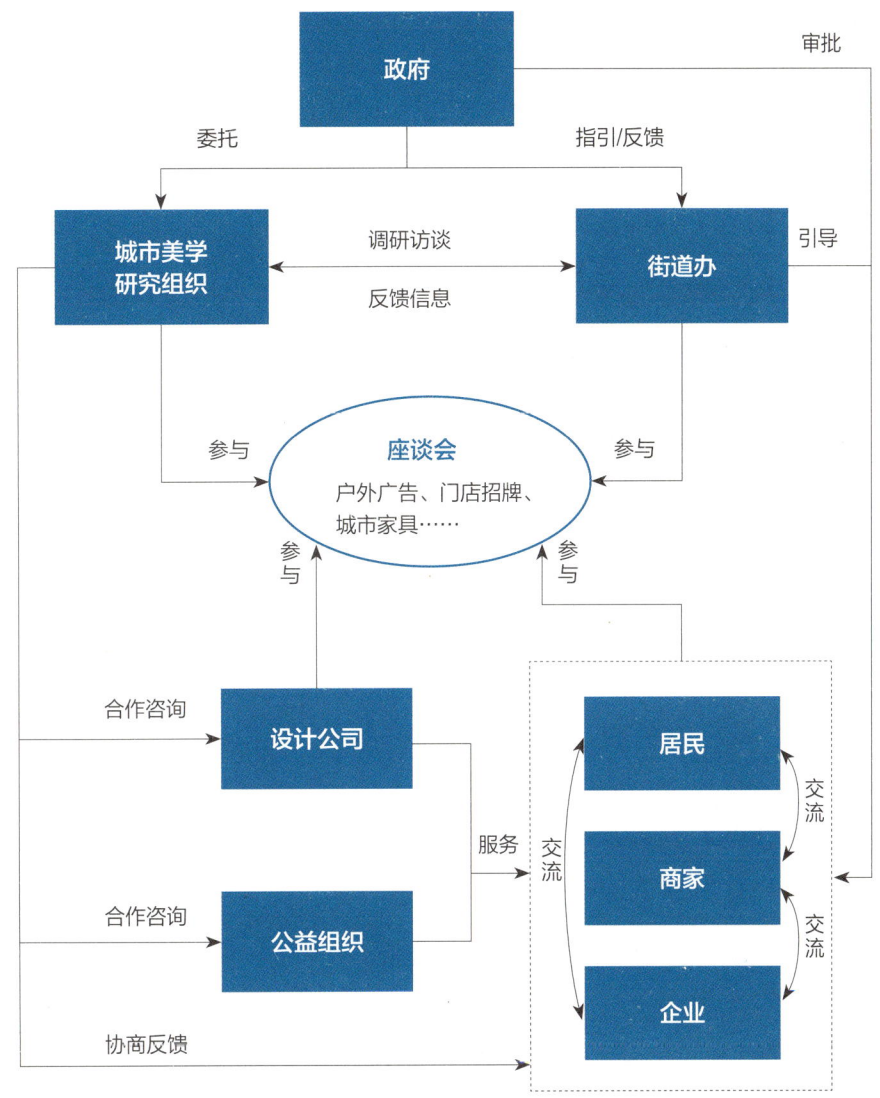

图5.4-1 城市美学共建流程

特色，凸显主要功能，增强区域空间可识别性。城市美学营造方案可纳入国土空间规划，合并城市规划管理一张图。

2. 整体管理街道设计

整体考量街道风貌，即街道空间所形成的视觉环境，包括沿街立面、景观绿化、城市家具等，明确街道空间的公共属性，明晰责权利的划分，加强设计方案审批环节的指导和审查，确保城市美学提升方案的高水准和可实施性。设计方案需要系统化，融合本地特征，整体打造特色街区。

3. 个性管理视觉要素

结合城市美学视觉要素，进行个性化流程设计，打造专业化、特色化、弹性化的管理体系。明确视觉系统中各类要素的审批报建程序，优化便捷整体流程。探索第三方机构或组织参与投资建设、日常维护的运维模式，完善相关管理制度。

参考文献 /

[1] 李夙. 城市美学探赜——构建、思辨、判断 [D]. 华中科技大学, 2014.

[2] 梁伟, 李菡丹, 王碧清. 找寻城市发展的根脉与记忆 [J]. 中华儿女, 2018 (14): 64-65.

[3] 张劲松. 合肥滨湖新区城市土地增值潜力研究 [D]. 合肥工业大学, 2009.

[4] 赵广英. 城市风貌特色分析与控制研究——北塬新城项目总体城市风貌专项实践 [D]. 长安大学, 2012.

[5] 邓予东. 基于规划层面的万州区近现代城市空间形态演变研究 [D]. 西南科技大学, 2017.

[6] 问红光. 中国古代建城思想研究 [D]. 西北大学, 2009.

[7] 莫黛豪. 城市规划中的文化传承与遗产保护浅探 [J]. 建筑工程技术与设计, 2017.

[8] 毕书卉, 黄河. 总体城市设计视角下的城市文化空间营造 [C] // 中国城市规划学会, 杭州市人民政府. 共享与品质——2018中国城市规划年会论文集（07城市设计）[C]. 北京: 中国建筑工业出版社, 2018:275-283.

[9] 宁英杰. 浅析古代邺城的规划设计 [D]. 苏州大学, 2008.

[10] 陈志杰. 改革开放以来兰州城市社会空间结构演变分析 [D]. 西北师范大学, 2015.

[11] 赵强. "新世纪生活美学转向: 东方与西方对话"国际研讨会综述 [J]. 美育学刊, 2013, 4 (01): 115-120.

[12] 董鉴泓. 中国城市建设史 [M]. 北京: 中国建材工业出版社, 2004.

[13] 蔡永洁, 刘韩昕. 空间中的秘密主角——欧洲城市家具的历史溯源 [J]. 城市设计, 2016 (04): 44-55.

[14] 倪旻卿，朱明洁. 开放营造：为弹性城市而设计[M]. 上海：同济大学出版社，2019.

[15] 吕天娥. 中国城市家具设计与应用现状分析[J]. 山西建筑，2010，36（29）：26-27.

[16] 彼得·斯约斯特洛姆，韩西丽. 城市感知——城市场所中隐藏的维度[M]. 北京：中国建筑工业出版社，2022.

[17] 戴维·西蒙. 生活世界地理学[M]. 周尚意，高慧慧，译. 北京：北京师范大学出版社，2022.

[18] 简·雅各布斯. 美国大城市的死与生[M]. 金衡山，译，北京：译林出版社，2020.

[19] 李杰，王鹤. 以休闲为导向的城市家具设计美学体系研究[J]. 包装工程，2014，35（14）：114-118.

[20] 欧萌. 浅谈地域文化在导视系统设计中的内在联系[J]. 戏剧之家，2018（29）：133.

[21] 陈晓佳. 导视系统中的视觉艺术构建方法探析[J]. 工业设计，2018（02）：62-63.

[22] 雷光，张宇航. 导视设计中的信息连贯性问题初探[J]. 美术大观，2008（11）：114.

[23] 李玲，王秀峰. 导视系统分类与构成要素研究[J]. 艺海，2015（02）：79-82.

[24] 莫霞. 城市设计与更新实践[M]. 上海：上海科学技术出版社，2020（1）.

[25] 邹文. 公共艺术概论[M]. 北京：清华大学出版社，2019（1）.

[26] 黄丹麾. 公共艺术探微[J]. 中国美术馆，2015（5）.

[27] 李雷. 公共艺术与城市文化构建——21世纪中国公共艺术生态考察[J]. 文化研究，2013（05）：103-117.

[28] 吴良镛. 吴良镛学术文化随笔[M]. 北京：中国青年出版社，2001.

[29] 全国市长研修学院（住房和城乡建设部干部学院）. 广告招牌融入城市之美：城市户外广告及招牌设施的规划设计与设置管理[M]. 北京：中国城市出版社，2021.

[30] 安东尼·奥罗姆，陈向明. 城市的世界：对地点的比较分析和历史分析[M]. 曾茂娟，任远译. 上海：上海人民出版社，2005.

[31] 王伟娅. 遵循"豪布卡斯"原则构建现代化城市商业街[J]. 中国第三产业，2002（2）：22-25.

[32] 全国市长研修学院（住房和城乡建设部干部学院）. 视觉系统提升

城市之美：城市视觉系统构建的理论与实践［M］. 北京：中国城市出版社，2021.

［33］李金铎. 城市商业街的发展战略及规划布局构想［J］. 城市，2006（01）：34-37.

［34］王燕青. 基于行为需求的城市商业街公共空间设计研究［D］. 长安大学，2014.

［35］（日）芦原信义. 街道的美学［M］. 南京：江苏凤凰文艺出版社，2017.

［36］彭孝乾. 产业园区4.0背景下的科技产业园公共空间设计研究［D］. 广州大学，2019.

［37］（美）凯文·林奇. 城市的意象［M］. 北京：华夏出版社，2001.

［38］候晨旭. 成都太古里商业街区户外景观空间研究［D］. 四川农业大学，2017.

［39］赵萌词. 基于系统分析的产业园区协调发展对策［J］. 智富时代，2015（增刊1）：11.

［40］陈翔，王伟. 浅谈产业园区的空间设计策略——以舟山普陀区城西产业园概念设计方案为例［J］. 建筑与文化，2021（10）：64-65.

［41］温海珍，李旭宁，张凌. 城市景观对住宅价格的影响——以杭州市为例［J］. 地理研究，2012，31（10）：1806-1814.

［42］丁怡婷，姚雪青，乔栋，等. 城市公园 装点美丽生活［N］. 人民日报，2022-05-30（015）.

［43］张慧霞. 城市公园绿地经济价值研究［J］. 中外企业家，2017（21）：257-258.

［44］上海市绿化市容局. 上海这3座绿地公园迎改造升级，公园美图抢先看［EB/OL］. 金台资讯，2023.

［45］于法展，李保杰. 徐州市城区公园绿地土壤养分状况［J］. 生态科学，2006（05）：454-458.

［46］娄彩荣，尤海梅，沈惠新. 徐州市城区公园绿地系统景观结构分析［J］. 徐州师范大学学报（自然科学版），2005（01）：71-74.

［47］赵兰勇，陈鸿冰. 花卉栽培与园林规划设计［M］. 北京：中国农业出版社，2000.

［48］黄向华. 城市园林绿地系统规划的理论与实证研究［D］. 福建师范大学，2007.

[49] 蔡春菊. 扬州城市森林发展研究［D］. 中国林业科学研究院，2004.

[50] 龙华区环城绿道建设项目［EB/OL］. 深圳市城市规划学会，2022.

[51] 锦州古塔公园及周边拆迁改造效果图！将重建大辽古城［EB/OL］. 我爱锦州，2023.

[52] 山东这座火车站已有一百二十年历史，被称为"我国最美德式车站"［EB/OL］. 步行去可可西里，2021.

[53] 山水入画展新姿｜桐庐县：持续擦亮山水符号，打造城市文化窗口［N］. 杭州日报，2022.

[54] 高国韵. 城市园林建设的生态效益与经济效益［EB/OL］. 科学种养，2014.

[55] 张春彦，纪茜. 政策法规下的法国风景园林正义探究［J］. 中国园林，2019，35（05）：23-27.

[56] 金远. 对城市绿地指标的分析［J］. 中国园林，2006（08）：56-60.

[57] 肖希，李敏. 绿斑密度：高密度城市绿地规划布局适用指标研究——以澳门半岛为例［J］. 中国园林，2017，33（07）：97-102.

[58] 周聪惠. 公园绿地规划的"公平性"内涵及衡量标准演进研究［J］. 中国园林，2020，36（12）：52-56.

[59] 习近平. 中国共产党第二十次全国代表大会上的报告［EB/OL］. 中华人民共和国中央人民政府网，2022.

[60] 舒沐晖，邢忠. 现代"城市门户"再解析［J］. 华中建筑，2007（10）：44-46.

[61] 汪晖. 城市门户空间中城市雕塑景观的塑造——以咸阳市总体雕塑体系规划为例［D］. 长安大学，2008

[62] 马晓璇. 城市更新背景下城市门户空间改造策略研究——以青岛站为例［D］. 青岛理工大学，2022.

[63] 徐传俊. 基于动态视角下的西安城市口户空间发展研巧［D］. 西安建筑科技大学硕士论文，2013.

[64] 土木学会编. 道路景观设计［M］. 章俊华，陆伟，雷芸，译. 北京：中国建筑工业出版社，2003.

[65] 洛伊丝·斯文诺芙. 城市色彩——一个国际化视角［M］. 屠苏南，黄勇忠，译. 北京：中国水利水电出版社，2007.

[66] 吉田慎悟. 环境色彩设计的技法——街区色彩营造[M]. 西蔓·CLIMAT环境色彩设计中心监修. 北京：中国建筑工业出版社，2011.

[67] 郭红雨，蔡云楠. 城市色彩的规划策略与途径[M]. 北京：中国建筑工业出版社，2010.

[68] 崔唯. 城市环境色彩规划与设计[M]. 北京：中国建筑工业出版社，2006.

[69] 王京红. 城市色彩：表述城市精神[M]. 北京：中国建筑工业出版社，2014.

[70] 宋建明. 色彩设计在法国[M]. 上海：上海人民美术出版社，1999.

[71] 吴松涛，常兵. 城市色彩规划原理[M]. 北京：中国建筑工业出版社，2012，2.

[72] 李蔚，潘文明. 论园林与八卦的关系[J]. 科技信息，2010（20）：133.

[73] 李燕，唐晓晗. 中国景观园林设计发展趋势[J]. 现代物业（上旬刊），2011，10（04）：74-75.

[74] 汪璐. 浅析我国景观园林设计的现状与发展趋势[J]. 城市建设理论研究（电子版），2011，（21）.

[75] 单霁翔. 城市文化特色重塑与文化城市建设（下）[J]. 北京规划建设，2008（01）：85-89.

[76] 夏雯雯. 浅谈地形在城市景观设计中的运用[J]. 美与时代（城市版），2015（08）：41-42.

[77] 时佳. 地域文化在城市滨水景观设计中的应用[J]. 美术界，2016，（12）：81.

[78] 刘德基. 风水理论在居住区水景规划中的应用[J]. 科学时代，2014，（18）：153-154.

[79] 汪思龙，周其忠. 植物造景在景观设计中的作用[J]. 华夏星火，2005（07）：75-76.

[80] 秦仪. 浅谈园林中的铺地艺术[J]. 文艺生活·文海艺苑，2017，（10）：194.

[81] 张加兴. 现代城市园林景观设计现状及发展趋势思考[J]. 建筑工程技术与设计，2017，（16）：5022-5022，2711.

[82] 杨宇峤，高娜. 历史建筑保护性再利用的探讨[J]. 西安工程大学学报，2013，27（06）：756-759.

［83］廖宁. 现代商业建筑的外立面设计［J］. 投资与创业，2012，9：90-90，93.

［84］范军. 浅谈住宅建筑立面设计［J］. 规划与设计，2012：8-9.

［85］王济民. 城市标志物的文化功能与治理效用——以埃菲尔铁塔为例［J］. 治理研究，2019，35（04）：61-70.

［86］董鉴泓. 中国城市建设史［M］. 中国建材工业出版社，2004.

［87］河北省，中央和国家机关有关部委，京津冀协同发展专家咨询委员会. 河北雄安新区启动区控制性详细规划［EB/OL］. 中国雄安官网，2020.

［88］河北省，中央和国家机关有关部委，京津冀协同发展专家咨询委员会. 河北雄安新区起步区控制性规划［EB/OL］. 中国雄安官网，2020.

［89］博达至成. 以馆带农，探寻田野里不一样的"春耕图"［EB/OL］. 搜狐，2023.

［90］许学强，周一星，宁越敏. 城市地理学（第三版）［M］. 高等教育出版社，2022.

［91］林可可，王雅妮，方澜，等. 从"拼贴城市"到"融合城市"：空间缝合理论在松江新城总体城市设计中的创新探索［J］. 上海城市规划，2022（002）：000.

［92］济南市自然资源和规划局. 济南市国土空间总体规划（2021-2035年）（草案）公示［EB/OL］. 济南市自然资源和规划局官网，2022.

［93］吴晨. 老城历史街区保护更新与复兴视角下的共生院理念探讨——北京东城南锣鼓巷雨儿胡同修缮整治规划与设计［J］. 北京规划建设，2021（06）：179-186.

［94］SasakiAssociates. Sasaki丨济南中央商务区景观设计［EB/OL］. 搜狐，2017.

［95］中国建设报. 设计|地上有风景，井盖故事多［EB/OL］. 搜狐，2019.

［96］中建装饰集团有限公司. 锦州古塔公园及周边拆迁改造效果图！将重建大辽古城［EB/OL］. 我爱锦州，2023.

［97］俞丰. 浙江公路-公示|浙江省"四好农村路"摄影大赛获奖作品［EB/OL］. 浙江公路，2018.

［98］Judy. 全球12个互动户外广告牌案例［EB/OL］. 户外媒体内参，2019.

［99］存在建筑. UNIFUN成都天府环宇坊／CLOU［EB/OL］. gooood谷德设计网，2021.